正心修身
养性育德

跟《鬼谷子》学处世，跟《菜根谭》学修身

欧阳彦之◎著

台海出版社

图书在版编目(CIP)数据

正心修身,养性育德 / 欧阳彦之著.—北京:台海
出版社,2015.12

ISBN 978-7-5168-0801-6

Ⅰ.①正… Ⅱ.①欧… Ⅲ.①人生哲学–通俗读物
Ⅳ.①B821–49

中国版本图书馆 CIP 数据核字(2015)第 312383号

正心修身,养性育德

著　　者:欧阳彦之

责任编辑:阴　鹏

装帧设计:天下书装　　　　　版式设计:通联图文

责任校对:唐思磊　　　　　　责任印制:蔡　旭

出版发行:台海出版社

地　　址:北京市朝阳区劲松南路 1 号　　邮政编码:100021

电　　话:010-64041652(发行,邮购)

传　　真:010-84045799(总编室)

网　　址:www.taimeng.org.cn/thcbs/default.htm

E–mail:thcbs@126.com

经　　销:全国各地新华书店

印　　刷:北京高岭印刷有限公司

本书如有破损、缺页、装订错误,请与本社联系调换

开　　本:710mm×1000 mm　　　　1/16

字　　数:180 千字　　　　　印　张:15

版　　次:2016 年 4 月第 1 版　　印　次:2016 年 4 月第 1 次印刷

书　　号:ISBN 978-7-5168-0801-6

定　　价:35.00 元

前言

1

鬼谷子,人如其名,颇具传奇与神秘色彩。

鬼谷子(约前400年~前320年),传说姓王名诩,战国时人。世人皆认为他常进入云梦山(今河南淇县境内)采药修道,又隐居于清溪之鬼谷,所以自称鬼谷先生。又有《史记集解》徐广曰:"颍川阳城有鬼谷,盖是其人所居,因为号。"鬼谷子是先秦诸子之一,相传他精通数门学问,创立了纵横一派学说,并由弟子发扬光大,与当时文化衍生的道家、儒家、墨家、名家、法家、阴阳家、农家、杂家等合起来称为九流十家。苏秦与张仪是鬼谷子最杰出的两个弟子。传说鬼谷子曾隐居云蒙水帘洞著《鬼谷子》书三卷,流传于世。

被称为"智慧之禁果,旷世之奇书"的《鬼谷子》,专门探讨古代政治斗争权谋,全面总结了战国纵横的理论精华,是此派流传下来的唯一一部专著。

在当代,《鬼谷子》称得上是一部军事、外交、商业和公关领域的智慧宝典、中国说服修辞术。

一个人缺的永远不是钱,而是赚钱的智谋;缺的不是团队,而是吸引追随者的能力;缺的不是人们的爱戴和拥戴,而是领导统驭的智慧。《鬼谷子》着重于辩证的实践方法,具有极完整的领导统驭、策略学体系。在今天这个竞争日益激烈的新经济战国时代,鬼谷子的思想、智慧和奇谋韬略,在经营、管理、公关等方面仍具有广泛的指导意义。

2

《菜根谭》是明代还初道人洪应明收集编著的一部论述修养、人生、处世、出世的语录文集。

作者以"菜根"为本书命名,意谓"人的才智和修养只有经过艰苦磨练才能获得",正所谓"咬得菜根,百事可做"。此书具有儒、道、佛三教真理的结晶和万古不易的教人传世之道,为旷古稀世的奇珍宝训。

叱咤政坛的风云人物,要学会急流勇进、明哲保身;仕途迷茫、前途坎坷之人,要苦中求进、永不言弃;整日面对勾心斗角、尔虞我诈的人,要内心持净以修其德;高傲自大、自以为是的人,要变得虚怀若谷;雄才大略、威震八方的霸主,要仁者无敌……书中对名利的淡泊,对势态的宽容、善良与智慧,每一段名言警句的内蕴与意义,都引人发思,能对读者起到有益的帮助。

3

培根曾说过:"历史使人明智,诗歌使人智慧,演算使人精密,哲理使人深刻,道德使人高尚,逻辑修辞使人善辩。"而本书集《鬼谷子》与《菜根谭》这两部经典著作的精华于一身,将原书中与立世、做人、修身密切相关的语录精华采撷,并配以通俗易懂的文字进行解释,辅以经典的古今中外事例进行论证,相信可以对人的正心修身、养性育德有潜移默化的影响。

目录

第一章

一把钥匙开一把锁,到什么山上唱什么歌

1.因人而异,因材施教

【原文】

夫贤、不肖、智、愚、勇、怯,有差,乃可捭,乃可阖;乃可进,乃可退;乃可贱,乃可贵。无为以牧之。

【大意】

人有贤德、不肖、聪明、愚蠢、勇敢、怯懦的区别。所有这些,可以开放,也可以封闭;可能进升,也可以辞退;可以轻视,也可以敬重。要靠无为来掌握这些。

世上没有两片完全相同的树叶,也不存在两个完全相同的人。鬼谷子认为,对不同的人,要使不同的招数。根据对方的实际需求,制定

合理的应对策略,才有胜算。

在管理领域,要因人施管,根据他人自身的特点进行驾驭;在教育领域,要因材施教、因人而异。总之,我们要做到对不同的人,使用不同的方法。

有一则寓言,说一个人养了一只狗和一头驴。有一天,主人外出吃饭,带回了一些食物。一进家门,他就把这些食物扔给狗吃,狗愉快地摇着尾巴迎上去,主人高兴地抱起了狗。驴非常羡慕狗,心想:"为了让主人高兴,我是否也可以这样呢?这对我来说很容易办到。"想着,驴也跑了过来,它摇着尾巴,抬起一只前蹄,欢蹦乱跳。主人大喊道:"哎呀,这驴一定是疯了,快拿棍子来!"最终,驴被打了一顿,还被拴在了马槽边。

显然,驴的错误在于它忽略了自己与狗的区别。在现实生活中,同一件事不一定适应所有的人,因此对于不同的人,应该采取不同的对策。聪明人善于根据别人不同的特性,采取完全不同的对待方法。

子路和冉有问了孔子同样的问题:"听到一件事,是否可以立即去做?"孔子给两人的答案截然不同。对于子路,孔子回答:"你有父亲和兄长在,为何不先问问他们再去做呢?"而对于冉有,他的回答是:"可以立即去做。"孔子之所以这样做,是因为冉有做事总是瞻前顾后,所以要鼓励他去做;而子路胆子大,有时很鲁莽,所以要压压他的性子。

孔子之所以能成为伟大的教育家,很大程度上是因为他懂得"因材施教"。他的那些杰出的弟子受到老师的影响,在人生的道路上也受益良多。孔子的得意门生子贡困齐救鲁的故事,便是其中最有说服力的例子。

春秋末期,齐相田常说服齐简公兴兵伐鲁,当时齐强鲁弱,鲁国形势十分危急。孔子派子贡前往齐国斡旋,子贡见到田常,洞悉了田常蓄谋篡位,欲借战争铲除异己的心理,便以"忧在外者攻其弱,忧在内者攻其强"的道理,劝他不要让齐国攻打弱小的鲁国,而应转而攻打强大的吴国,这样才能达到隐秘的目的。田常虽然认为有理,但齐国已作好攻鲁的部署,找不到借口转而攻吴。子贡说自己可前往吴国,说服吴王夫差救鲁伐齐,到时齐吴交战就顺理成章了。田常高兴地同意了。于是,子贡赶到吴国,对野心勃勃的夫差说:"若齐国攻下鲁国,势力大增,必将伐吴。大王不如先下手为强,联鲁攻齐,如此,吴国不就可成就霸业了吗?"夫差听了大为心动,但又担心老对头越国会乘机进犯,一时间有些犹豫不决。于是,子贡又马不停蹄地前往越国,说服越王勾践随吴伐齐,解除了夫差的后顾之忧(实际是劝越王趁吴出兵后方空虚之际灭吴)。子贡游说三国,已经达到了预期的目的,但他又想到吴国战胜齐国之后,定会要挟鲁国,鲁国必须有所依靠,所以,他又悄悄来到晋国,向晋定公陈述利害关系,劝他加紧备战,以防吴国进犯。后来,吴王夫差率十万精兵攻打齐国,越、鲁两国也派兵助战。齐国大败,只得请罪求和。夫差大获全胜之后,立即移师攻晋,却被早有防范的晋国击退。勾践乘机而起,后来灭吴称霸。

子贡充分利用齐、吴、越、晋四国的矛盾,抓住主要人物的不同心理,区别对待,巧妙周旋,既击败了齐国,又灭了吴国的威风,使鲁国从危难中解脱出来,显示出了高超的纵横之术。

人的性格多种多样,如果相互熟悉那还好办,但若对方是一个我们并不熟悉的人,那又该如何对待呢？

有一个人买了一头驴,想要牵走试试看。他把这头驴牵到自己的驴群之中,驴立刻走到了一头好吃懒做的驴身边。于是,这个人立刻对卖主说:"这驴我不买了,它是一头懒驴!"卖主问:"你的这种方法可靠吗？"这个人回答:"当然可靠。我想,什么样的人就会选择什么样的朋友。"

懒驴的身边,往往都是一些懒驴;即便本来不是懒驴,与懒驴相处久了,也有很大可能变成懒驴。在现实生活中,人们都晓得"物以类聚,人以群分"的道理。因此,我们可通过考察一个人的生活圈子,对其做出相对合理的判断,进而决定对他采取什么样的态度。

古时候,齐宣王喜欢招贤纳士,于是让淳于髡举荐人才。淳于髡一天之内向齐宣王推荐了7位贤能之士。齐宣王和他们谈了谈,发现果然个个本领高强。齐宣王对此感到很惊讶,就问淳于髡说:"寡人听说,人才是很难得的,如果一千年之内能找到一位贤人,那贤人就多得像肩并肩站着一样;如果一百年出现一个贤人,那贤人就像脚跟挨着脚跟站着一样。现在,你一天之内就推荐了7个贤士,那贤士是不是太多了？"淳于髡回答说:"不能这样说！要知道,同类的鸟儿总聚在一起飞翔,同类的野兽总聚在一起行动。人们要寻找柴胡、桔梗这类药材,如果到水泽洼地去找,恐怕永远也找不到;要是到山的北面去找,那就可以成车地找到。这是因为天下同类的事物总是要相聚在一起。我淳于髡大概也算个贤士,所以让我举荐贤士,就如同在黄河里取水,在燧石中取火一样容易。我还要给您再推荐一些贤士,何止这7个！"

正如鬼谷子所说,世上之人有贤、不肖、智、愚、勇、怯等区别。人们往往更愿意展示自己的贤、智、勇,而不愿意暴露自己的不肖、愚、怯。因此,我们需要练就一双能够辨人识人的慧眼。

2.各尽其才,各司其职

【原文】

见内外之辞,知有无之数,决安危之计,定亲疏之事,然后乃权量之,其有隐括,乃可征,乃可求,乃可用。

【大意】

了解对内、对外的各种进言,掌握有余和不足的程度,决定事关安危的计谋,确定与谁亲近和与谁疏远的问题。然后权量这些关系,如果还有不清楚的地方,就要进行研究,进行探索,使之为我所用。

世间万物,人是最宝贵的。人才资源是人类所有资源中最有价值并且最有决定意义的资源。但人本身又是极为复杂的,考察人的标准因人而异,所以只有摒弃主观标准,长久全面地观察一个人,才能比较真实准确地了解他。

"尺有所短,寸有所长。"作为领导者,只有对下属的长处和短处做到了如指掌、明察秋毫,在用人上各用其长,尊重属下的个性,让他们放心大胆地去干,使人各得其位,属下的才能得到认可,如此才能上下一心,达到事业的巅峰。所以鬼谷子讲:"凡度权量能,所以征远来近。"人才各有差异,只要做到各尽其才,就能使其发挥最大的功效。

明代《泾野子》中讲了这样一个故事:一西邻人,生有五子,却有三个残疾:长子老实、次子聪明、三子目盲、四子背驼、五子脚跛。一般的家庭遇到这种情况,必是苦不堪言——它的人力资源状况太差了。可西邻人却用创新的方式思考问题、配置资源,结果他们一家过得比别人更优越。

长子老实,西邻人便让其务农,老实人总是不误农时,年年丰收;次子聪明,西邻人让其经商,结果次子经营有术,财源广进;三子目盲,西邻人让其学习按摩卜卦,收益颇多;四子背驼,让其搓麻绳,胜过常人;五子脚跛,让其纺线,一点也不误事。西邻人由于能短中见长、扬长避短,所以让五子各展其长、各得其所,将现有资源的优势和潜力充分发挥,因而能够"不患于食,且乐"。

人才有参差,但只要度权量能,就能发挥出它最大的作用。

"大厦之材,非一丘之木;太平之功,非一人之略。"君主要使国家长治久安,必须凭借匡辅大臣的帮助,故识才求贤为先,任能为重。识人的目的在于用人。"天下治乱,系于用人"。正如刘秉忠向忽必烈建议的"明君用人,如大匠用材,随其巨细长短,以施规矩绳墨"。

刘邦任用善于辞令的郦食其,使他没费一兵一卒,就降服了齐国全境70多座城池;武则天任用德高望重、才学兼备的狄仁杰,使得旧唐老臣竭力辅佐她;忽必烈任用马可·波罗,扩大了元朝在世界上的影响,他还力排众议,破格任用18岁的安童为宰相,使得元代社会得到了长足发展。明太祖朱元璋特别强调随才使用：因刘基、朱升等博治经史，长于谋略，所以朱元璋让他们留在幕府，让他们发挥智囊团的作用；胡深等人精通兵法、骁勇善战，朱元璋就任命他们为将军，让他们率兵打仗，征战四方；汪广洋、叶琛、章溢等饶有智计、办事周全，朱元璋则将他们派往各地担任行政职务。正是因为这些人各司其职、各尽其责、各展其才，朱元璋的事业才蒸蒸日上，并最终黄袍加身。

"我有嘉宾，鼓瑟吹笙。"中国历代有不少统治者都极其注意收罗人才。能否招揽到人才，在其德行；而能否认识人才，却在于其智识。所以，得人在其德，知人在其智。仅能得人而不能识人，则所得皆庸才；仅能识人而不能得人，则人才皆为他人所用。所以，得人与知人是不可分割的整体，但在用人上面，却应该以知人为首。无其才而使当其任，必遭挫折；有其才而不使当其任，则必不能久居。如果在征战之时、权力之争时，一旦识人有误，必将惨败。

古人言："醉之酒以观其性。"这不失为一种好方法。酒能使人撤去理性的岗哨，使人毫无负担地显示出在清醒时总是极力掩饰的种种本性。酒可以刺激人的情感，酒后，人的或多情、或慷慨、或柔和、或贪婪的本性就会清楚地表现出来。"期之以事而观其信"，这是诸葛亮鉴别人才的重要方法。也就是说，要考察一个人是不是人才，可以通过嘱托其办事是否守信用来观察这个人。因为"信用"是人的根本，爱说大话、说空话的人，肯定做不到言必信、行必果。对于这种言语上的巨人、行动上的矮子，怎么能让人放心大胆地加以任用呢？

宋真宗时，在太子东宫任职的左谕德鲁宗道为人刚正、遇事敢言，真宗称他为"鲁直"。有一次，真宗派使者召他入宫，但当时他的同乡来了，他正请同乡在小酒馆里喝酒，使者等了很久，他才回来。使者问他说："如果皇上怪罪你来晚了，你可怎么说呀？"鲁宗道回答说："据实相告吧！就说我出去和同乡喝酒去了。"使者说："那你可能会被治罪的。"鲁宗道说："和朋友吃饭喝酒是人之常情，但如果欺君罔上，那臣子的罪过可就大了。"觐见皇帝时，真宗果然追问为何来晚。鲁宗道说："我有朋友从家乡来，我家很穷，没法待客，就请他在酒馆吃了顿便饭，耽误了拜见皇上的时间，这是臣的罪过。"真宗见他说话老实，认为"忠实可大用"，还经常向刘皇后称赞他。后来，真宗驾崩，七岁的仁宗即位，太后(即刘皇后)临朝听政，她遵从真宗嘱托，将鲁宗道升为右谏议大夫、参知政事。鲁宗道之所以受到真宗的赏识，就在于他为人坦城，忠厚老实。

识人方式有很多，人的言行是最能体现一个人的才能的。孔子曰："人有五仪：有庸人，有士人，有君子，有圣，有贤。审此五者，则治道毕矣。"所谓庸人者，心中没有谨慎小心的规矩，口中说不出至理名言，办事不讲原则，不能择明主而托其身，办事不能善始善终，所交之人皆鸡鸣狗盗之徒，不能见微知著，不能高瞻远瞩、深谋远虑；所谓士人者，计谋总在心头翻，心中有数，即使不能做到面面俱到，但也可以独当一面，这种人言语不多，但言之有物、有的放矢；所谓君子者，"言必信，行必果"，笃行信道，自强不息，讲仁义，坦然处世，逢错必谏；所谓贤者，品德合乎法度，言论举止被人奉为道德准则，乐善好施，兼济天下；所谓圣人者，通天人之际，与自然法则融为一体，品德崇高光明，这种人思想明确、人格完整，即使大富大贵对其来说也没多大吸引力，穷困潦倒也不会令其觉得低贱。

"用人不易，知人尤难。"怎样识人用人确实是成就事业的关键。所以，作为一个领导者，一定要有发现人才、识别人才的眼光和能力，只有这样，你的事业才有可能在人才的推动下更上一层楼。

3.对不同的人说不同的"话"

【原文】

与智者言，依于博；与博者言，依于辨；与辨者言，依
于要；与贵者言，依于势；与富者言，依于高；与贫者言，依
于利。

【大意】

同聪明的人谈话，就要依靠广博的知识；与知识广博的
人谈话，就要依靠善于雄辩；与善辩的人谈话要依靠简明扼
要；与地位显赫的人谈话，要依靠宏大的气势；与富有的人谈
话，要依靠高屋建瓴，眼光要高；与贫穷的人谈话，要从如何
获利的角度来探讨。针对不同的目标对象，有策略地沟通，
才能收到好的效果。

鬼谷子认为，与人沟通时应遵循因人而异的原则，对不同的人用
不同的"话"来对待。

如果对方性格坦率、耿直，你的谈吐就要简洁明了；如果对方
自尊心强，爱面子，你提出问题，特别是不同意见时，就应该尽量缓
和婉转；如果对方喜欢推心置腹，你就应该多说些诚恳质朴的话。
在谈话时，或直陈己见，或委婉作答，都要分析对象，看准时机、一
语中的，才能使交谈畅通无阻。

交谈中，要注意对方的年龄。对年长的人，最好谦虚些、服从些；
对年龄相仿者，态度可以稍微随便些，但也应该注意分寸，不可出言

不逊,伤人自尊;在同与自己年龄相仿的异性说话时,尤其要注意,不宜乱开玩笑、态度暧昧,以免引起一些不必要的猜疑;对于年纪比你小的人,应该保持慎重、深沉的态度,注意不要对其随声附和、夸夸其谈,以免降低对方对你的信任与尊重。

交谈中,应注意对方的语言习惯。不同地方的人,语言习惯不同,自己认为很合适的语言,在其他人听来可能很刺耳,甚至认为你是在侮辱他。轻者,惹人不高兴;重者,则可能伤及别人的自尊,让人产生报复心理。

一天,孔子带着他的几名弟子出外讲学、游览。当他们一行人来到一个村庄时,孔子的马意外地挣脱了缰绳,跑到庄稼地里吃了麦苗,一个农夫上前将马扣了下来。

学生子贡自恃口才不凡,自告奋勇地上前去,企图说服那个农夫,争取和解。然而,他说话文绉绉的,满口之乎者也,将大道理讲了一通又一通,虽然费尽口舌,可农夫就是听不进去。

有一位新来的学生看到子贡与农夫僵持不下的情景时,对孔子说:"老师,请让我去试试看。"于是,他走到农夫身旁,笑着对农夫说:"你并不是在遥远的东海种田,我们也不是在遥远的西海耕地,我们相互之间靠得很近,相隔不远,我的马怎么可能不吃你的庄稼呢?再说了,指不定哪天我的庄稼也会被你的牛吃掉,你说是不是?我们该彼此谅解才是。"

听完这番话,农夫觉得很在理,便将马还给了孔子。旁边几个农夫也互相议论说:"像这样说话才算有口才,哪像刚才那个人,说话不中听。"

由此可以看出,说话一定要看对象和场合,尤其要注意对方的语

正心修身,养性育德

上篇 《鬼谷子》的谋略

言习惯。要不然,你再能言善辩,别人听不进去也是徒劳。

此外,说话还要考虑对方与自己的亲疏关系。如果彼此交情不深,你与之深谈,则会显得你没有修养;如果是交情深厚的人,则可以不断地交流思想,促膝谈心,互相关心对方的生活与私事,替对方排忧解难,这样可以增进彼此间的友谊,建立和谐的人际关系。

在人际交往的过程中,人与人在个性、爱好、文化程度、家庭环境等方面都存在着差异,所以在交谈中必须做到因人而异,用"一把钥匙开一把锁",这样才能达到沟通心灵、增进情谊的目的。

4.注意观察肢体语言

【原文】

夫情变于内者,形见于外。故常必以其见者而知其隐者。

【大意】

那些内心感情发生变化的人,必然会显现于外表。所以常常要通过显露出来的表面现象,来揣摩人隐藏在内心的情绪。

生活中,虚饰其貌、以华掩实的现象比比皆是。北宋文学家王安石曾这样说道:"贪婪之人,常给人以清廉的样子;淫邪之人,常伪作纯情之举;奸佞之人,有时故作正直面目出现。"社会上常有这样的一些人,他们在意识到自己的缺陷时会刻意整饰自己,以掩其短而示人以良,这增加了我们识人的难度。因此,我们在识人时应练就一双慧眼,在形形色色的人中明辨真伪。

什么时候都有弄虚作假的人,与这样的人相处,稍有不慎,就会吃亏上当。但是,不论他们如何狡诈,总会露出一些蛛丝马迹来,只要用心就能识破。

一次,李鸿章带了三个人去拜见曾国藩,请曾国藩为他们分派职务。不巧的是,曾国藩当时出去散步了,李鸿章只得让他们在厅外等候。不久,曾国藩散步回来,李鸿章说明了来意,请曾国藩考察那三个人。曾国藩说:"不必了,面向厅前,站在左边的那位是个忠厚人,办事让人放心,可派他做后勤供应一类的工作;中间那位是个阳奉阴违、两面三刀的人,不值得信任,只宜分配给他一些无足轻重的工作,担不得大任;右边那位是个将才,可独当一面,将来作为不小,应予以重用。"

李鸿章很吃惊,问:"您还没用他们,是如何判断的呢?"曾国藩笑着回答说:"我刚才散步回来,走过他们身边时,见左边那个低头不敢仰视,可见是位老实人,因此适合做后勤供应一类的事情;中间那位表面上恭敬,可等我走过去之后,就左顾右盼,可见是个阳奉阴违的人,因此不可重用;右边那位始终挺拔而立,如一根栋梁,双目正视前方,不卑不亢,是一位大将之才。"

曾国藩所指的那位"大将之才",便是淮军勇将,后来担任台湾巡抚,鼎鼎有名的刘铭传。

可见,在人际交往中,只要对他人的表情、行为等方面进行细致的观察与深入的分析,就可以了解其人内心的真实想法。有时,观察人的肢体语言,比听他说什么更重要。

春秋时期，梁惠王为图大业，广招天下人才。有人多次向梁惠王推荐淳于髡，于是，梁惠王接连召见了他两次，每一次都屏退左右与他倾心密谈。但这两次，淳于髡都沉默不语，弄得梁惠王很难堪。事后，梁惠王责问推荐人："你说淳于髡有管仲、晏婴的才能，我看名不副实呀！要不就是我在他眼里是一个不足与言的人！"

推荐人用梁惠王的这番话问淳于髡，淳于髡笑笑回答说："确实如此。我也很想与梁惠王倾心交谈，但第一次，梁惠王脸上有驱驰之色，想着驱驰奔跑一类的娱乐之事，所以我就没说话；第二次，我见他脸上有享乐之色，是想着声色一类的娱乐之事，所以又没有说话。"

那人将此话告诉梁惠王，梁惠王一回忆，果然如淳于髡所言，因此对淳于髡的识人能力很是佩服。

一个人想要向外界传达完整的信息，离不开体态语言。体态语言通常是一个人无意识的举动，很少具有欺骗性，所以想了解他人的心理状况，体态语言是一个很好的参考工具。

很多时候，肢体动作会在不经意间表露出一个人的心理。谈话时，如果对方双手交叉地抱在胸前，又跷起二郎腿，说明此人内心紧张，不愿坦露心迹；如果在谈判场合看到这种姿势，则说明对方对你缺乏信任。你不妨手掌朝上地摊开双手，意思是说："我不会对你有坏心眼。"在谈话的时候，你还可以把一只或一双手都伸向对方，这多少可以消除他的警惕心理。

5.善于体察对方心意

【原文】

故计国事者，则当审权量；说人主，则当审揣情；谋虑情欲，必出于此。

【大意】

所以谋划国家大事的人，就应当详细衡量本国的各方面力量；游说他国君主的人，则应当全面揣测别国君主的想法，避其所短，从其所长。所有的谋划、想法、情绪以及欲望都必须以此为出发点。

鬼谷子强调，说服君主时要注意揣摩其心意。其实，不单进谏君王，做任何事情时都要学会体察对方的心思。

人的个性千差万别，价值取向、思想观念更是不尽相同。任何社会活动中，人都是主导因素。所以，在把握局势的同时，万万不可忽略对人情的体察和掌握。

不善于揣摩人情的人，纵使与人近在咫尺，与对方的心灵也是相隔千山万水，这种人势必会走向失败。所以，为人处世，只有善于审时度势，才能做到对症下药，得心应手地处理问题。

一个人的心意隐藏在他的言谈举止之中，对不同的对手要采取不同的措施。

徐文远是名门之后，他勤奋好学，通读经书，官至隋朝的国子博士。隋朝末年，洛阳一带发生饥荒，徐文远只得靠打柴为生，途中遇到了他以前的学生李密。李密将徐文远请到自己军中，拜为老师，亲自率领将士们向他行礼，请求他为自己效力。徐文远说："你如果决心效仿伊尹、霍光，在危急时刻辅佐皇室，我虽年迈，也会对你尽心尽力；但是如果你要学王莽、董卓，在皇室危急的时刻趁机篡位夺权，那我是不会帮助你的。"李密回答说："我静听您的教诲。"后来，李密战败，徐文远归附了王世充。王世充原本也是徐文远的学生，但徐文远每次见王世充都会十分谦恭地对王世充行礼。有人问他："听说您对李密十分傲慢，对王世充却十分恭敬，这是为什么呢？"徐文远回答说："李密是个谦谦君子，即使你像郦生狂傲地对刘邦那样，他也能接受；王世充却是个阴险小人，即使老朋友他也会杀害，所以我必须小心谨慎。我对不同的人采取不同的策略，用不同的方法与之相处，这样做不对吗？"后来，徐文远降唐，又被任命为国子博士，很受重用。

徐文远之所以能够在隋唐政权更迭之际保全自己，且屡受重用，就是因为他善于"揣摩人情"，能够对不同的人用不同的应对之法，懂得灵活处世。

面对不同生存环境、不同知识结构、不同价值观念的人，要采取不同的对待方法。

第一次世界大战以后，英国联合法国、意大利、美国、日本等国的代表与土耳其在洛桑谈判，企图胁迫土耳其签订不平等条约。英国代表克敦态度傲慢，语言嚣张。当土耳其代表伊斯麦提出维持土耳其领土完整的条件时，克敦暴跳如雷，挥动拳头，大声咆哮，恫吓辱骂对方。伊斯麦安静自若、视若无睹，等克敦声嘶力竭地停下来时,才不慌不忙地张开右手放在耳边,把身子靠向克敦,十分温和地说:"你说什么?我没听明白。"言外之意让克敦重说一遍。克敦当然不能再重新发一次脾气,此时的他就像泄了气的皮球一样,连话都说不出来。

感情是心灵的翅膀,任何感情都不过是不同温度的血液,每个人都要靠自己的本事来赢得别人的认可和尊重。为人处世一定要灵活一些,针对不同的对象要采用不同的策略。

第二章

小技巧能救大局,小疏漏能坏大事

1.窥一斑而知全豹

【原文】

经起秋毫之末,挥之于太山之本。

【大意】

万事万物在开始时都像秋毫之末一样微小,一旦发展起来就会像泰山的根基一样宏大。

事物初见端倪,就能预测事情的发展趋势,这是一种见微知著的能力。在任何事物刚发生变化,刚出现变化征兆时,就已经在预料之中,继而引导变化朝着好的方向发展,这是一种智慧的表现。

鬼谷子告诉我们:"虽非其事,见微知类。"意思是说,虽然不是事情本身，但是可以根据轻微的征兆，探索出同类的大事。事物和矛盾都是从细微发展到巨大的，智者之所以能够抓住事物的危险征兆，在于其能够见微知著。鬼谷子正是拥有这种大智慧的人。

夏日的一天，晴空万里，艳阳高照，鬼谷子却突然对弟子们说："很快就要发大水啦！你们马上下山，告诉百姓做好准备，以防水淹。"弟子们将信将疑，又不敢多问，只好遵命下山。

两天后，天气骤变，大雨倾盆，果然爆发了山洪。幸亏鬼谷子事先通知了百姓，大家才得以免遭一场大灾祸。百姓都很感激鬼谷子，弟子们自此也更加敬重他了，但是他们却不知其中的奥妙，便向鬼谷子求教。

鬼谷子告诉他们："我并非神仙，只是通过常年观察天象总结出了一些规律。在洪水来临之前，早晨的天空会昏黄一片。这说明远处已有大水，阳光一照，水面的颜色反射到天空是昏黄色，我因此断定，不久就会发洪水。"

生活中充满了隐患，有一些看起来非常偶然的小事会帮助或伤害我们，所以认清小事的本质十分重要。小事就好比是精密仪器上的一个零部件，虽然看起来微不足道，却起着重要的作用，一旦这个"零部件"出错，那就意味着全盘皆输。一个不注重小事、忽略小处的人，是不可能有冷静的头脑及精辟的分析的。

一个具有远见卓识的人，能从细微处预见事情的发展趋势，具有先知先觉的特殊本领。

有一个"狼子野心"的故事，说的是春秋时期，楚国有两个大官是兄弟，一个叫子文，一个叫子良。子文的儿子叫子扬，子良的儿子叫子越。子越小的时候,子文对子良说:"这孩子狼子野心,会给我们家族带来灾难。"子良听了很不高兴。子文回到家,对家人说:"如果子越当了大官,你们一定要尽早离开楚国,千万不要亲近他。"子文死后,子扬和子越都当了大官。子扬没有听从父亲的告诫,继续留在楚国。子越则逐渐暴露出了他的野心,他忌恨子扬的官位比自己大,于是暗中派人杀了子扬。后来,子越领兵反叛楚王,被楚王的大军打败,他的家族也因此受到了牵连。

子文能在子越小时候就发现他"狼子野心",听起来十分玄乎。但俗话说得好,"三岁看八十"。一个人成年后会成为什么样子,从小就能看出苗头,只是一般人没有用心去观察罢了。

商纣王是古代有名的暴君,但他即位初期并没有表现出过分的贪欲和残暴。有一次,他命工匠用象牙为他制作筷子,他的叔父箕子劝阻他说:"吃饭用普通的筷子就可以了,为什么要用昂贵的象牙筷子呢?你用上象牙筷子后,一定不会满意普通的杯盘,而必然会换成精美的玉器。餐具一旦变成这些东西,你就一定不会再吃普通的菜肴,而要每顿都享用山珍美味。紧接着,你一定不会再穿粗布缝制的衣裳,住在低矮潮湿的茅屋里,而必然会穿上绫罗绸缎,住进高大的宫殿里。您虽然贵为天子,也不应过度享受。"纣王没有听他的话。后来,事情的发展果然如箕子所料。仅仅过了几年,纣王就变得穷奢极欲,把国家弄得民不聊生,最终被周武王所灭。

从一双象牙筷子的奢侈开始,商纣王毁掉了商朝数百年的基业;而箕子能从一双象牙筷子就预见纣王的堕落,确实很有见地。

窥一斑而知全豹,这是一种高层次的判断能力。当然,并不是出现了苗头就一定会发生相应的结果,如果牵强地进行联系,就可能犯下错误。

有一个年轻人,他把家里的所有钱财都花光了,只剩下身上的一件外套。一天,他发现有一只提早飞回来的燕子。他想:"啊,春天到了,我可以不用再穿外套了,不如用它换点儿钱。"于是,他将外套拿去卖了。不久,一阵北风吹来,气候变得非常寒冷,他被冻得到处躲。这时,他看见了冻死在地上的燕子,他气愤地对燕子说:"喂,朋友,你把我害死了!"

从提早飞回的燕子身上,年轻人得出了"不用再穿外套"的结论,这显然是荒谬的,至少也应该看看天气情况再定。结果燕子冻死了,他也只能穿着单衣挨冻。

在现代商业领域,优秀的企业家都具备窥一斑而知全豹的能力。他们在决定进入一个大的目标市场之前,总会在小范围内做一些调查,再决定下一步的行动。

美国的高露洁牙膏在进入日本这个大的目标市场时,并没有采取贸然进入、全面出击的策略,而是先在离日本本土最近的琉球群岛上开展了一连串的广告公关活动。他们在琉球群岛上赠送样品,使当地的每一个家庭都有免费的牙膏。因为是免费赠送的,所以当地的居民不论喜欢与否,每天早上都会使用高露洁牙膏。这种免费赠送活动引起了当地报纸、电视的关注,把它当作新闻发表,甚至连日本本土的报纸、月刊也对此进行了报道。于是,高露洁公司在广告区域策略上达到了这样的目的:以琉球作为桥头堡,使得全日本的人都知道了高露洁,以点到面,广告效益十分明显。

在不明确目标市场情况的时候,先在其邻近地区展开宣传,逐步探知目标市场对产品的接受程度, 并且让目标市场的消费者熟悉自己的产品,这完全符合鬼谷子所说的"虽非其事,见微知类",确实是一条稳健可行的策略。

2.控制谈话中的细节

【原文】

故善反听者,乃变鬼神以得其情。其变当也,而牧之审也。牧之不审,得情不明;得情不明,定基不审。变象比必有反辞以还听之。

【大意】

所以善于从反面听取对方言谈的人, 就像鬼神一样善于从谈话中得出对方的实情。他们随机应变,妥当合适,对对手的控制也很周到。如果控制不周密,得到的情况就不明白清楚;得到的情况不明白清楚,据以制定决策的基础也就不坚实。要把模仿和类比灵活运用,就要说反话,以便观察对方的反映。

鬼谷子告诉我们,言说谋略要提前设计细节。急中生智固然是一种难得的智慧,但不应该作为一种追求。我们应努力做到的是控制谈话中的细节,通过细致的准备,最大限度地提升进言成功的可能性。

优孟是春秋时有名的伶人,深得楚庄王的宠爱。楚国贤相孙叔敖死后不久,优孟在郊外遇见了孙叔敖的儿子,发现他竟沦落到了以砍柴为生的地步,优孟决心帮他渡过难关。经过一番思考之后,他特制了一套孙叔敖生前常穿的官服,细心模仿孙叔敖的一举一动。一天,楚庄王在宫中大宴群臣,优孟穿着孙叔敖的官服走了过来。楚庄王远远一望,误以为孙叔敖复活,惊讶不已,及至近前,才看出是优孟所扮。楚庄王想起孙叔敖,感慨地对优孟说:“你若有孙叔敖的才干,我愿意拜你为相。”优孟不以为然地说:“那又有什么好处,死后连后代的生计都保障不了!”接着,他便把孙叔敖儿子的状况如实告诉了楚庄王。楚庄王听后,幡然醒悟,下令召孙叔敖的儿子入朝,为其加官晋爵。从此,孙叔敖的儿子过上了富裕的生活。

优孟并不是直接劝谏楚庄王,而是花了大量精力模仿孙叔敖的言行举止,对楚庄王进行旁敲侧击,使楚庄王明白了“人走茶凉”这一做法的危害性,从而帮助孙叔敖的儿子改善了生活条件。

倘若优孟不是采用上述方式,而是凭着一股义气,向楚庄王慷慨陈词,恐怕很难收到预期的效果。可见,要说服别人,首先要做到鬼谷子所说的“己欲平静”,万万不可产生急躁的心理。尤其在危机重重的时候,当事人更要平心静气,关注细节。

春秋时期,有一年鲁国遭到严重灾荒,齐孝公乘人之危,亲率大军讨伐鲁国。鲁僖公得知消息,非常害怕。这时,手下一谋臣建议,为今之计,应该马上派人带上礼物去问候齐孝公。这样做一是表示友好,二是显示鲁国也有所准备,让他们有所顾忌。鲁僖公觉得有理,便派大夫展喜带着牛羊、酒食去犒劳齐军。展喜日夜兼程,在齐鲁边界堵住了齐孝公。展喜对齐孝公说:"我们君王听说大王亲自到我国来,特地派我前来慰劳贵军。""你们鲁国人害怕了吧?"齐孝公傲慢地说。展喜不卑不亢地回答:"那些没有见识的人可能害怕,但我们鲁国的君臣却一点也不害怕。"齐孝公听了,轻蔑地说:"你们鲁国国库空虚,老百姓家中缺粮,地里没有庄稼,连青草也看不到,你们凭什么和我们齐军交战?又怎么会不害怕?"展喜胸有成竹,不慌不忙地说:"我们的军队的确没有齐军强大,但我们并不害怕,因为我们依仗的是周成王的遗命。当初,鲁国的祖先周公和齐国的祖先太公,同心协力地辅佐成王,废寝忘食地治理国事,终于使天下大治。成王对他俩十分感激,让他俩立下盟誓,告诫后代的子子孙孙,要世代友好,不要互相侵害,这都是有案可查的。我们的祖先是那样友好,您又怎么会贸然废弃祖先盟约,进攻我们鲁国呢?我们正是依仗着这一点,才不害怕。"齐孝公听了,觉得展喜的话很有道理,而且展喜态度从容,齐孝公觉得鲁国已经做好了迎战的准备,于是就打消了伐鲁的念头,班师回国。

展喜能言善辩,临危受命,凭三寸不烂之舌智退齐军。他之所以能够态度从容、胸有成竹,就是因为他有所准备,坚信凭借自己的上佳口才一定可以应付自如。

古往今来的杰出人士,尤其是领袖人物,无不具有高深的个人涵养,他们对细节的重视程度非普通人可以想象。二战英雄、英国首相丘吉尔是闻名于世的政治家、外交家,他在应付大场面时的谈吐、风度令人倾倒。可谁又知道,丘吉尔每次接待外宾,都要提前几天就开始准备材料,为了设计每一句话,甚至睡觉时都在琢磨。我们往往只了解成功者风光、潇洒的一面,却很难想象他们为此所付出的艰辛努力。

3.不轻小节，才能成事

【原文】

有近而不可见，有远而可知。

【大意】

有时彼此距离很近，却互相不了解；有时互相距离很远，却彼此熟悉。

鬼谷子说得好："有近而不可见，远而可知。"为什么在近处的反而看不见呢？因为近处的东西太平常了。同样的道理，我们生活中有很多事情不被重视，是因为它们看起来太小了。但是有句名言："不积跬步，无以至千里。"想干大事的人，就不能轻视小节。

有个富家子弟特别爱吃饺子，每天都要吃。但他只吃馅，吃完了就将饺子皮丢到屋子后面的小河里。好景不长，在他16岁那年，一场大火烧了他的家，父母也相继病逝。一番灾难后，他身无分文，但又不好意思要饭。邻居家大嫂是个好人，每顿送给他一碗面糊糊吃。他则洗心革面，发奋读书，发誓三年后考取官位回来，一定好好感谢大嫂。三年后，他果真考中了，做了官，于是衣锦还乡去见大嫂。大嫂什么礼物也不愿意接受，而是对他说："你不要感谢我。我没给你什么，三年来，你吃的饭都是当年你丢下的饺子皮，我收集晒干后装了好几麻袋，本来是想备不时之需的，正好你有需要，就还给你了。"那个富家子弟愣住了，继而思考良久……

世间万物都是由小到大发展变化而来的,都有一个由量的积累到质的变化的过程。一个人的本性是善的,可是如果不注意修养自身,日后也可能逐渐变坏。这就是"勿以善小而不为,勿以恶小而为之"的道理。

周武王灭掉商朝,做了天子以后,远方的西戎国派使臣送来一条大狗。这条狗是西戎的特产,非常名贵,武王高兴地收下了。召公担心武王贪图享受,就劝谏他。武王觉得不过是收下一条狗,没什么大不了的。召公说:"贤明的君主应该给百官做出表率,随时注意积累自己的德行,哪怕是小细节也应该注意。大德是由小德积累而来的,就好像用土去堆一座很高的山。山很快就要堆成了,只差一筐土的高度,如果这时您停止了,就不能成功,这不是太可惜了吗?您是一个贤明的君主,可不能犯这种错误啊!"武王听了召公的劝告,专心治理朝政,最终成为一位贤明的君主。

召公说得没错,越是干大事业的人,越应该注意小节。正所谓"千里之堤,溃于蚁穴",垃圾堆里的一点火星,可以把一座宫殿烧成灰烬。"一子落错,满盘皆输",你站在高处时,身上任何一个微小的弱点都可能成为敌人集中火力攻击的目标。《荷马史诗》中的著名英雄阿喀琉斯刀剑不入,但他的脚后跟却是他的致命之处。就因为有了这个弱点,他最终死在了太阳神的箭下。

一个人能不能干成大事,有很多种检测的方法,但最简单的一种,就是看他在处理小事时的态度和做法。

有两个英国青年一起找工作,其中有一个是犹太人。一枚硬币躺在地上,犹太青年激动地将它捡了起来。另一青年却对犹太青年的举动露出了鄙夷之色："一枚硬币也捡，真没出息！"犹太青年望着对方远去的身影心生感慨："让钱白白地从身边溜走，真没出息！"后来，两个人同时走进一家公司，公司很小，工作很累，工资也低，那个英国青年不屑一顾地走了，而犹太人却高兴地留了下来。两年后，英国青年还在寻找一份能让自己满意的工作，面试他的老板正是那位犹太人。英国青年对此很不理解，他问："为什么你能这么快成功呢？"犹太人说："因为我没有像你那样从一枚硬币上迈过去。你连一枚硬币都不要，怎么会发大财呢？"

在对一枚硬币的取舍中，英国青年以他的"绅士风度"选择了藐视，最终一无所获；而精明的犹太青年却不放过任何一个积累财富的机会，终于成为了大富翁。这里边，难道没有值得我们深思的东西？

疏忽小节的人做不成大事，古人所说的"一屋不扫，何以扫天下"，也正是这个意思。

4.厚积薄发，积弱为强

【原文】

夫几者不晚，成而不抱，久而化成。

【大意】

那些能够见到事物微小征兆，就立刻采取行动的人，不会丧失良机，功成后也不会保守居功，天长日久，便可教化天下了。

一步登天做不到，但一步一个脚印能做到；一下成为天才不可能，但每天进步一点点有可能。毫无疑问，每个人都渴望成功，但成功要靠一步步的积累。一个人能否有所成就，取决于他是否做什么事都力求做到最好，其中自然也包括那些再平凡不过的小事。

大事业都是从小处开始的，一砖一木垒起来的楼房才有基础，一步一个脚印才能走出一条成功的道路。

《荀子·劝学篇》中说："不积跬步，无以至千里；不积小流，无以成江海。"没有一步步的行走，就不可能到达千里之外；不汇集众多的溪流，就没有汪洋大海；没有平时点滴的积累，就不可能取得惊人的辉煌成就。"千里之行，始于足下"，要想取得成功，最主要的就是要善于广泛积累知识，学会厚积薄发，积弱为强。

生活中的"凡人小事"，因为它"凡""小"，所以人们常常看不起，也不屑去做。"汪洋大海汇聚于小溪"的道理虽然人人皆知，可惜从中受益者却屈指可数。有些人总是把大与小割裂开来，以为大就是大，小就是小，而不能看到这其中的有机联系。

有这样一个幽默的故事。在一个漆黑的晚上，老鼠首领带领着小老鼠外出觅食，在一家人的厨房里，垃圾桶中有很多剩余的饭菜，老鼠们十分惊喜。正当这群老鼠在垃圾桶边大吃大喝时，突然传来一阵令它们肝胆俱裂的声音——一只猫的叫声。于是，老鼠们四处逃散，大花猫动作敏捷地追赶，有两只老鼠逃走不及，被大花猫捉到了。正当大花猫准备吞掉它们时，突然传来一连串凶恶的狗吠声，大花猫惊慌失措，仓皇逃跑。大花猫一走，老鼠首领便从垃圾桶后面走出来说："我早就对你们说过，多学一种语言有利无害，这次要是没有我，你们就死定了。"

大部分人先天拥有的资源都差不多，人和人的区别主要在于后天的学习。后天努力学习的人在困难的时候所能调度的资源十分丰富；而后天疏于学习的人在遇到困难时所能调度的资源就十分有限了。只有不断激励自己的人，才能更好地适应竞争日益激烈的现代社会。

鲁迅先生说得好："必须如蜜蜂一样，采过许多花，才能酿出蜜来。倘若待在一处，所得就非常有限、枯燥了。"任何一个成功人士，都具有广博的知识、开阔的视野，都善于积累平时所学。假如《三国演义》里的诸葛亮不懂得天文、气象知识，就不能整合天文气象资源，谋划出"草船借箭""巧借东风"等计谋。诸葛亮曾说："故为将而不懂天文，不识地理，不知奇门，不晓阴阳，不看阵图，不明兵势，是庸才。"历史上的诸葛亮同样不拘泥于一家，而是涉猎百家之学，曾专门写过《论诸子》："老子长于养性，不可以临危；商鞅长于理法，不可以从教化；苏张长于驰辞，不可以结盟誓；白起长于攻取，不可以广众；尾生长于守信，不可以应变；王嘉长于遇明君，不可以事暗王；徐子将长于明臧否，不可以养人物……"诸葛亮取各家之所长，避各家之所短，融诸子百家之学为一炉，拥有极其渊博的学识，故出谋划策，有如神助。

等待运气的人躺在床上，希望邮差带来继承一笔遗产的消息；而劳动者天亮就开始工作，用忙碌的双手奠定富足生活的基础。"骐骥一跃，不能十步；驽马十驾，功在不舍；锲而舍之，朽木不折；锲而不舍，金石可镂。"我们在争取成功的过程中，决不能低估积累、坚持的重要性。

一语不能践，万卷徒空虚。一个人越会储蓄，就越会致富；一个人越能求知，就越有知识。多储存一份知识，生命就多了一分丰富。这种零星的努力、细小的进益，日积月累，必定可以使你大有收获。

"三人行,必有我师",你每天所遇到的每个人都可以使你的知识有所增益。假如你遇见的是一个渔夫,他能帮助你认识神秘的海洋;假如你遇见的是一个猎人,他能告诉你森林中的故事;即使是一个普通的农夫,也能告诉你四季的奥秘……从每个可能的地方摄取知识,这是使你成为博学的人的有效路径。

没有翻不过去的山,也没有过不去的河。正如尼采所言:"如果你想走到高处,就要使用自己的两条腿!不要让别人把你抬到高处,不要坐在别人的背上和头上。"只要注重积累,"博观而约取,厚积而薄发",你就能实现自己的梦想。即鬼谷子所言:"为强者积于弱也,为直者积于曲也,有余者积于不足也。此其道术行也。"

5.消除隐患,防微杜渐

【原文】

其施外兆萌牙孽之谋,皆由抵巇。抵巇之隙为道术用。

【大意】

当圣人向外推行教化时,对一些危机的萌芽和征兆予以防范和消除时,就要实施"抵巇术"。"抵山巇术"是一种道术之用。

鬼谷子分析了古代圣贤应付社会危机的办法,概括来说,就是"防微杜渐"四字。在危机刚刚露出苗头的时候,圣贤们就能找到解决的办法。

有一只燕子,它在飞行途中学到了不少知识。播种的季节里,燕子对小鸟说:"你们看,人类撒下的种子,用不了多久就会毁掉你们!你们得赶快把种子吃掉。"小鸟对燕子说:"燕子,你在说傻话吧!大田里可吃的东西太多了,小小的种子值得一吃吗?"转眼间,大田里长出了绿油油的苗,燕子着急地对小鸟说:"趁还没有结出可恶的果实,赶紧把这些苗统统拔掉,不然的话,你们会遭殃的。"小鸟不耐烦地说:"你这个预言灾祸的丧门星,别整天瞎唠叨!"庄稼即将成熟时,燕子说:"可怕的日子就要来到。一旦人们收割完庄稼,秋闲下来的农民将拿你们开刀,到处都是捕鸟的夹子和罗网。你们最好待在家里别乱跑,或者跟着我飞到温暖的南方。"小鸟把燕子的忠告全当了耳边风,根本不理它。秋天到了,庄稼熟了,此时,燕子飞到了南方,过着舒服的日子;而大田里的小鸟们不是被关进了鸟笼,就是被吃掉了。

当危机刚出现苗头的时候,智者就能敏锐地察知,而愚者却还蒙在鼓里,甚至对智者的忠告不屑一顾。古代圣贤明君能把国家治理好,就是因为他们能及时发现问题,在危机还处于萌芽状态的时候就加以消除。反过来,那些亡国之君,像秦二世、隋炀帝之流,则对天大的危机视而不见,最终使大好江山在自己手里败落。

天下刚刚安定,需要创造一个和平安宁、休养生息的环境,但维护这个和平环境很不容易,一旦放松警惕,就难免会有沉渣浮起,搅浑一池春水。所以,为政者要明白,休养生息不等于"刀枪入库,马放南山",无事可做,而更要时刻戒备。危机和危难往往隐藏于太平盛世、安定祥和之中。而危机和危难的爆发,肯定有其最初的细微诱因和苗头。我们要时刻不忘居安思危,将这些诱因和苗头消灭在萌芽之中,切不可酿成大乱再去处理。

"防微杜渐"这四个字,既适用于国,也适用于家。家庭是社会的细胞,家庭美满、幸福,社会才能稳定、发展。要做治国平天下这样的大事,先要从日常居家小事做起,从一言一行做起,正所谓"千里之行,始于足下"。若小节不修,言行不信,虽是小事也能酿成大的祸端。所以,家庭要在一开始就立下规矩,不脱离正常的轨道。只有如此,才能使家中诸人和睦友爱,让整个家族兴旺繁盛。

曾国藩被后人戏称为治家八宝饭的"书蔬鱼猪,早扫考宝"以及勤俭孝友就是其齐家理论的核心。书蔬鱼猪是一家生产力的表现;勤俭孝友是一家精神力的表现,二者相辅相成。曾国藩熟读前人书籍,知道自古以来很多钟鸣鼎食之家相继败落,就是因为子孙骄奢淫逸所致。因此,他屡次训诫后辈说:"家败,离不得个'奢'字。"他还要求主持家政的弟弟曾国潢把金日䃅、霍光这样的正反事例"解示后辈",意在教后辈戒奢戒骄。所以,曾国藩在家训中时时强调一个"俭"字。曾国藩治家有方,兄弟多有建树,子孙也人才辈出,家中一团和气,尊老扶幼,子孝妻贤,世世代代广为流传。

一些目光远大的杰出人士,大都明白这个道理,因此,他们十分懂得节制自己儿女的物欲。

美国前总统肯尼迪的父亲约瑟夫是美国最知名的五大企业家之一,为了防止今后不测,约瑟夫给每个孩子存了1000万美元的委托金。但他不愿让富裕腐蚀他们。为使孩子们懂得如何节俭,他每月给孩子的零花钱很少。肯尼迪成为总统后,报纸曾公布过他10岁时向父亲递交的一份正式请求,请求父亲将他的零花钱由每星期4毛提高到

6毛，但父亲未予准许。另一方面，约瑟夫也十分注意培养孩子的美好品性。他经常邀请知名人士来家里聚宴，鼓励孩子们上餐桌参加他们的谈话。他让男孩子们全部进非教会学校读书，扩大视野。他的4个儿子后来全进了哈佛大学，并个个有所作为。

6.具备超常的洞察力

【原文】

虽非其事，见微知类。若探人而居其内、量其能、射其意也。符应不失，如螣蛇之所指，若羿之引矢。

【大意】

即使对方所言有时没有论及事情本身，但是可以根据细微的征兆，推测出同类的大事。这就像刺探敌情就要深入敌境，估计敌人的能力，再摸清敌人的意图，要像验合符契一样配合默契，像飞龙一样迅速，像后羿张弓射箭一样准确无误。

鬼谷子所谓的"谋之深"就是见微知著，迅速做出反应和对策。月昏而风，础润而雨，战争与其他事物相较，具有较大的偶然性和不确切性，但它的发生也总是有征候可寻、有端倪可察的。生活中，我们只有具备超常的洞察力，见微知著，才能迅速做出正确的反应。

现在，很多人根据面相而去测吉凶，这是流于迷信。而根据人的容貌气色去推断他的心术品行却是一种用人绝学，也就是现代人说的"气场"。

曾国藩的幕府号称晚清天下第一幕府，其人才之盛，无人能比；其知人之明，也无人异议。

对人才的重要性，曾国藩认识得非常透彻。他认为，办天下事要用天下才，办的事越大，需要的人才就越多。他创办湘军后，自知领兵打仗非自己的长项，唯一能做的就是推行人才战略，"集众人之长，补一己之短"，"合众人之私，成一己之功"。据不完全统计，曾氏幕府二十多年间召集的幕僚达四百多人。

曾国藩重视人才，勤于搜罗人才，同时也是一位识才的伯乐，相人的高手，左宗棠、李鸿章、彭玉麟、郭嵩焘、沈葆桢、刘蓉、李元度、罗泽南等这些晚清的栋梁之才，都出自曾国藩的门下。他的相人术并不是重于推断吉凶，而是以推断人的心术、品行居多。比如，曾国藩有相人之法十二字，六美为长、黄、昂、紧、稳、称，六恶为村、昏、屯、动、忿、遢。他的相人之法还有一些口诀，如："邪正看眼鼻，真假看嘴唇；功名看气概，富贵看精神；主意看指爪，风波看脚筋；若要看条理，全在语言中。"

曾国藩指出，山峰的表面泥土虽然会经常脱落流失，却不会倒塌破碎，就是因为坚硬如钢铁的岩石在那里支撑着，使它得以保持稳固。而岩石就相当于人的骨骼。一个人的精神状态和骨骼形貌犹如两扇大门，而其命运就如同大门外面的一座高山。只要打开精神和形骸的门，就能测知人的内心世界。这是识人的第一要诀。

曾国藩所说的"骨"，并不是现代人体解剖学意义上的骨骼，而是专指与"神"相配，能够传达"神"的那些头面上数量不多的几块骨。"骨"与"神"的关系也可以从"形"与"神"的关系上来理解，但"骨"与

"神"之间带有让人难以捉摸、难以领会的神秘色彩，一般读者往往难于把握，只有在实践中多加体会。

曾国藩说的"神"并非日常所说的"外在精神状态"。它的内涵更加丰富，是由人的意志、学识、个性、修养、气质、体能、才干、地位和社会阅历等多种因素构成的综合物，是人的内在精神状态。它不会随着人外在表情的变化而有所改变，也不会因人相貌的美丑而受到影响，这种内在精神是"打扮"不出来的。换句话说，"神"有一种穿透力，能越过人的外貌干扰而表现出来。比如，人们常说"某某有艺术家的气质"，这种气质不会因他的发型、衣着等外貌的改变而完全消失。"神"会随着个人知识、阅历、才能的变化而有所变化。

"神"不会依附于外在物质而存在，但必须通过外在形象表现出来。如《红楼梦》中的林黛玉，一身病态，精神自然是不足的，虽得珍贵药物调养，仍然回天乏力。但她身上的冰雪聪明、弱态娇美、凄苦轻扬，却是一种别样的美丽。这是情态者，属神之余。

久久审视，应主要观察人的精神；短暂一见，就要观察人的情态。情态是发自内心的真情实性，不由人任意虚饰造作。

情态又有恒态和时态两种。人的形体相貌、精神气质、言谈举止等各种形貌在恒定状态时的表现，称之为"恒态"，在这里主要是指言谈举止的表现形态；不经常、短暂出现的，称之为"时态"，时态与人的社会属性、社会环境密切相关。人的活动，无不有环境和时代的烙印，脱离时代与环境而独立生活的人是不存在的。

总之，识人是一个复杂的心理过程，需要根据主要的信息来判断，如被观察者的外貌、言行、姿态等；观察者与被观察者互动的情境，被观察者所具有的角色；观察者本身的成见以及概念系统的简单与复杂程度也会对观察者产生巨大影响。

正心修身，养性育德

上篇 《鬼谷子》的谋略

要正确了解、判断一个人，不能只凭一行一言一事的外在表现，而要透过现象看本质，注意他对那些身处逆境或地位低下的人的态度。在具体的人际交往中，会有各种不同的情况出现，具体问题需要具体分析。

7.随时协调人际关系，及时消除裂痕

【原文】

墙坏于其隙，木毁于其节，斯盖其分也。

【大意】

墙壁通常因为有裂缝才倒塌，树木通常因为有节疤而折毁，这是因为这是墙和树木的分界之处。

生活中，随时都有可能出现人际矛盾，如果不加控制就会由小变大，到时再想补救就来不及了。

鬼谷子说："生事者，几之势也。"任何事态的发生，都是从细微的变化开始的。为人处世，不管你愿意还是不愿意，都不可避免地会碰到小人。职场中的"小人"随处可见，他们造谣生事、挑拨离间、兴风作浪，很让人讨厌。与小人打交道时务必要考虑周全，最好不要与其发生正面冲突。因为小人会不择手段地算计人，即使你再聪明，也有防不胜防的时候。

唐朝的杨炎和卢杞两人同任宰相。杨炎善于理财，文采也好；而卢杞除了巧言善辩之外，别无所长，嫉贤妒能、诬陷他人倒是拿手好戏。同在政事堂办公，杨炎不愿同卢杞同桌吃饭，经常找借口在别处单独吃饭。卢杞对此怀恨在心，千方百计地想陷害杨炎。

当时，有一个藩镇割据势力梁崇义发动叛乱，德宗皇帝命令另一名藩镇李希烈去讨伐。杨炎觉得不妥，说："李希烈为人凶狠无情，没有功劳却傲视朝廷，若是在平定梁崇义时立了功，以后就更难控制了。"

德宗已经下定了决心，对杨炎说："这件事你就不要管了！"杨炎不把德宗的决定放在眼里，一再表示反对，这使对他早就不满的皇帝更加生气了。

后来赶上天下大雨，李希烈一直没有出兵。卢杞知道这是扳倒杨炎的好时机，便对德宗皇帝说："李希烈之所以拖延不肯出兵，正是因为听说杨炎反对他的缘故，陛下何必为了保全杨炎的面子而影响平定叛军的大事呢？不如暂时免去杨炎宰相的职位，让李希烈放心！"

这番话看上去完全是在为朝廷考虑，也没有一句伤害杨炎的话。德宗皇帝果然信以为真，免去了杨炎宰相的职务。

从此，卢杞独掌大权，杨炎自然也在他的掌握之中。杨炎在长安曲江池边为祖先建了座祠庙，卢杞便诬奏说："那块地方有帝王之气，早在玄宗时，宰相萧嵩就曾在那里建过家庙，玄宗皇帝不同意，令他迁走。现在杨炎又在那里建家庙，必定怀有篡位的野心！"

听信谗言、早就想除掉杨炎的德宗皇帝便以卢杞这番话为借口，先将杨炎贬至崖州，随即将他杀死。杨炎虽是忠臣，却把对卢杞的蔑视表现在明处，最终被卢杞所害。

"宁得罪君子，不得罪小人"，可谓是为人处世中与小人打交道的至理名言。小人特别善于琢磨别人，敢于为极小的恩怨付出极大代价。所以，面对小人，敬而远之为上策。

有一天，郭子仪生病，同僚卢杞前来探望。郭子仪听到门人的报告，立即让身边人避到一旁不要露面。卢杞走后，姬妾们又回到病榻前问郭子仪："许多官员都来探望您的病，您从来不让我们躲避，为什么此人前来就让我们都躲起来呢？"郭子仪微笑着说："你们有所不知，这个人相貌极为丑陋，而内心又十分阴险。你们看到他万一忍不住失声发笑，那他一定会心存忌恨，如果此人将来掌权，我们的家族就要遭殃了。"

后来，卢杞当了宰相，极尽报复之能事，把以前得罪过他的人统统陷害致死，唯独对郭子仪比较尊重。这件事充分反映了郭子仪对待小人的办法之高明。

明智者心中时刻牢记"警惕"两字，力戒给他人留下把柄，同时以"不得罪"为上法。

第三章

集思广益博采众长,善于借力事半功倍

1.良禽择木,选对你的团队

【原文】

古之善背向者,乃协四海,包诸侯,忤合之地而化转之,然后以之求合。故伊尹五就汤、五就桀,而不能有所明,然后合于汤。吕尚三就文王、三入殷,而不能有所明,然后合于文王。此知天命之箝,故归之不疑也。

【大意】

古代那些善于使用向背规律的人,能够协同四海,包纳诸侯,将他们驱使到预先设置的忤合境地,促其转化,使其与自己联合。因此,夏朝末年的伊尹曾五次接触商汤,五次接触夏桀,其真实意图还没被世人察觉,就一心臣服了商汤王,助汤灭夏而建商。商朝末年,吕尚三次接

触周文王，三次接触商纣王，最后归服了周文王，助其灭商建周。这些人就是看清了天命的制约，才做出向谁背谁的决断，从而归顺一主而毫不犹豫。

鬼谷子认为，古代善于运用背向之理、反忤之术的人，能够协和天下四方，联合诸侯各国，驱置于忤合之地，然后再设法感化人心、转换形势，使天下归心，求得英雄之主，开创新朝。所以，伊尹五次臣服商汤，五次臣服夏桀，最后顺合于商汤；吕尚三次臣服周文王，三次入事殷纣王，无法施展自己的抱负，最后终于顺合于周文王。他们二人都知晓天命的归宿，所以最终义无反顾，归顺了明主。

俗话说得好："人无头不走，鸟无头不飞。"大到一个国家，小到一个企业、单位，都有带头人在发挥着作用。他们是那里的"灵魂"，实属某一群体或事业无可替代的关键人物。如果不幸遇到不智之主，那这个集体的前途就很可能黯淡无光。

秦朝灭亡之后，项羽焚烧咸阳宫城，并自称为西楚霸王。当时，项羽手下的一位有识之士劝他说："咸阳地处关中要地，土地肥沃，物产富饶，地势险要，您不如就在这里建都，这样有利于奠定霸业。"项羽一看眼前的咸阳已残破不堪，哪里有都城的样子，加上他十分怀念故乡，便对那个人说："要是富贵了还不回故乡，就如同穿着漂亮的衣服在黑夜里行走，你的衣服再好也没有人看得见，有什么用呢？所以，我要回江东去。"那人听了这话，觉得项羽沽名钓誉，不算英雄，就私下对别人说："人家都说楚国人都是'沐猴而冠'，我以前还不相信，原来果真如此！"不料，这句话传到了项羽的耳朵里，他立即把那人抓来，将其投入鼎炉里活活烹死了。项羽刚愎自用、独断专行，他身边的许多谋士都因此而归降了刘邦,这就注定了最后项羽四面楚歌、自刎乌江的结局。

古语云:"良禽择木而栖,贤臣择主而事。"高明的谋臣要善于看清形势,根据实际情况来选择适合自己的君主,如此才能建功立业,成就大事。鬼谷子认为,谋臣应该根据具体的事物和对象,确定具体的应对方法,实事求是,灵活应变,"反复相求,因事为制",在正反的比较中求得自己合适的位置。

鲁肃,字子敬,临淮东城人,公元172年出生在一个大户人家中,生下来不久,父亲就不幸逝世。他便由祖母抚养成人。

大概是因为缺少父亲的严厉管教,鲁肃从小就养成了一种狂放不羁、轻财好义的性格。他拜名师,学剑术骑射,招聚了上百名青少年,供给他们衣服和食物,带他们去南山打猎,把豺狼虎豹等猛兽当作敌人一样进行围歼,讲武习兵,号令严明,就像军事演习一样。

当时势力强盛的袁术一听说鲁肃的名声,就派人请他出来代理东城县长。鲁肃见袁术做事没有一套原则和办法,而且心胸狭窄、目光短浅,认为不值得跟这样的人共事,所以毅然谢绝了他的邀请。之后,鲁肃带着全家老小和归附于他的具有侠气武艺的青少年共三百余人,南来居巢县投靠周瑜。

周瑜东渡长江,投奔"威震江东"的孙策,鲁肃跟他同行,把家小留在了曲阿。后来祖母去世,鲁肃护送灵柩回到东城老家安葬。这时,与鲁肃平时很有交情的刘子扬写信给他说:"当今天下的英雄豪杰纷纷崛起,像您这样的匡世之才,正好可以大用于今日,望您赶快把堂上老母接来,不要滞留在东城。近来有个名叫郑宝的人,在巢湖聚众起兵,手下已有一万多人,占据的地方又很肥沃富饶。庐江很多读书和闲散的人都去依附他，何况咱们呢？我看郑宝的发展势头还很兴旺，时机不可丢失，您还是赶快去吧！"

鲁肃觉得刘子扬的话很有道理，但究竟要投靠谁，他还在犹豫。将祖母安葬完毕，鲁肃回到曲阿，得知周瑜已把自己的母亲接到了东吴，他便也到了东吴。鲁肃把听到的事情告诉周瑜，征求周瑜的意见。

这时是公元200年，孙策被人刺死，孙权还住在吴郡。周瑜劝鲁肃不要听刘子扬的话，鲁肃听从了周瑜的劝告，没有去投奔郑宝，而是留在了东吴。过了不久，郑宝果然兵败，被刘晔杀死。

周瑜向孙权说："鲁肃是个难得的匡时佐世之才，您千万不能让他投向别处去啊！"

孙权听了周瑜的推荐，立即举办宴会接见鲁肃。两人一见面就谈得十分投机，孙权心中大喜。宴会结束时，群臣纷纷告退，鲁肃也起身准备告辞，孙权却单独把他留下，合并坐席，与之面对面地继续饮酒。孙权与鲁肃密议道："现今汉朝危机四伏，天下大乱，我继承父兄遗业，很想建立像齐桓公和晋文公那样的功业。您既然来到我这里，打算怎样辅佐我呢？"

鲁肃回答说："过去汉高祖刘邦一心想拥戴义帝，最终不得实现，原因就在于项羽起破坏作用。今天的曹操，犹如往日的项羽，您怎么能建立像齐桓公、晋文公那样拥护天子、号令天下的霸业呢？我私下分析，汉朝不可能再复兴，曹操也不可能立即铲除。替将军您打算，目前只能立足江东这块地方，观察和等待天下局势的变化。江东的规模虽然不大，但也不要嫌它太小。为什么呢？北方现在是多事之秋，曹操自顾不暇，我们可以趁机铲除黄祖，进伐刘表，把整个长江流域统统纳入我们的版图，然后打出帝王的旗号以谋取天下，这正是汉高祖的功业啊！"

孙权想了一下，说："如今我在东南一隅竭尽力量，只是希望辅佐汉室而已，您刚才说的话，不是我所要做的。"这时，孙权控制的地盘并不大，只有会稽、丹阳、吴、豫章、庐陵等五郡，而其中比较偏远和险要之地，还没有完全归附。哥哥孙策刚死不久，由他继承遗业，尚未完全站稳脚跟。当时东吴不少士大夫对局势都持观望动摇态度，各自心里打着自己的小算盘。只有周瑜、鲁肃、张昭等人坚决拥护孙权。

鲁肃的一席话，对当时全国的形势作了精辟的分析，提出了一个首先巩固江东，然后夺取荆州，最后统一全国的战略方针。这同诸葛亮《隆中对》中的战略决策，在基本精神上可说是英雄所见略同，只是各为其主，立足点不同。孙权起先只是想"挟天子以令诸侯"，在拥护汉室的前提下建立齐桓公、晋文公那样的霸业。鲁肃却指出汉室已不可能再复兴，明确提出要孙权学习汉高祖刘邦，成就统一中国的大业。这就显示出鲁肃的见识和眼光比孙权略高一等。当时在孙权和文臣武将中，明确提出逐步统一全国的战略方针的，只有鲁肃一人。这时鲁肃年仅29岁，第一次见孙权，就为东吴未来的发展规划了一幅宏伟蓝图。虽然统一全国的愿望最后没能实现，但巩固江东，夺取荆州，孙权在吴称帝的战略目标都达到了。这些足以显示鲁肃作为一个谋士的远见卓识，以及运筹帷幄的政治军事才能。

也许孙权当时确实没想到要当皇帝，也许想到了故意不露声色，所以才说出相反的话来。不管怎样，自此以后，孙权对鲁肃确实格外赏识，另眼相看。

鲁肃最终效力于孙权，是通过反复比较、权衡才做出的决定，这一系列过程正是对"反忤术"的运用。

古代的仁人志士，无不希望自己能遇到英明之主，好充分发挥自己的才干。所以就有了"良禽择木而栖，贤臣择主而侍"的俗语。用今天的话来说，就是要找到一个好的平台，让自己的才能得到充分的发挥，实现自己平生的抱负。

2.给自己一个准确的定位

【原文】

其摩者:有以平,有以正;有以喜,有以怒;有以名,有以行;有以廉,有以信;有以利,有以卑。

【大意】

揣摩的方法有:用和平进攻的,有用正义责难的,有用讨好的,有用愤怒激励的;有用名声威吓的,有用行为逼迫的;有用廉洁感化的,有用信义说服的;有用利害诱惑的,有用谦卑套取的。

在鬼谷子看来,每个人都有自己独特的优势,不管采用哪一种方法、具备何种优势,只要所用对路,做人和做事的效果就不会差。

你一定要想清楚,自己可以依靠什么去打动别人?

乔·吉拉德1929年出生在美国一个贫民窟。他很小就出来打工,他擦过皮鞋,做过报童,之后又做过洗碗工、送货员、电炉装配工和住宅建筑承包商等。由于没有找到最适合做的事,他一直没有取得成功,朋友相继弃他而去,他自己也欠了一身外债,连妻子、孩子的吃喝都成了问题。为了养家糊口,他开始卖汽车,从事推销工作。

乔·吉拉德以极大的专注和热情投入到推销工作中,只要碰到人,他就会把名片递过去,不管是在街上还是在商店里,他抓住一切机会,推销他的产品,同时也推销他自己。3年以后,他成为了全世界最伟大的销售员，谁能想到，这样一个不被看好，背了一身债务，几乎走投无路的人，竟然能够在短短的3年时间里被吉尼斯世界纪录称为"世界上最伟大的推销员"。他至今还保持着销售昂贵产品的记录——平均每天卖6辆汽车！他被欧美商界称为"能向任何人推销出任何商品"的传奇人物。

乔·吉拉德做过很多种工作，屡遭失败。最后，他把自己定位为一名销售员，终于获得了成功。

成功的最直接、最实用的方法就是做自己最擅长的事，否则，你将在众多人的参考意见中无所适从，找不到自己的方向。

每个人都有很多能力，但总有一种能力是最擅长的。只有找准自己最擅长的事，才能最大限度地发挥自己的潜力，调动自己身上一切可以调动的积极因素，把自己的优势发挥得淋漓尽致，从而获得成功。

只要充分地认识自己，给自己找准位置，真诚地做自己能做的和应该做的事，你就有可能成为自己希望成为的那种人。多少杰出人士的经历说明：假如你不仅知道自己能干什么，而且知道自己不能干什么，在充分发挥才能优势的基础上，在扬长避短的前提下选择你的起点、着力点和努力方向，你就能少走弯路。

能给自己准确定位的人，才是真正有谋略的人，才能取得成功。

有个人想开一家饭馆，需要找一处合适的房子。后来，他看中了一处房子，便托人找到房东，用很便宜的价格把房子租了下来，后来由于各种原因，他觉得这个地段不好，便又将房子转租了出去，自己到另外一个路段开了一家饭馆。

3年中，他开饭馆没有赚到钱，反而在转租房子上收益颇丰。这个人开始反省自己，他发现自己在与原房主讨价还价时表现出了很强的能力,对房产方面的事也很感兴趣。最终,他果断地决定放弃饭馆,专门做起了二手房出租生意。结果,他成了一个成功的房屋出租中介商,还在当地城市开起了房产中介的连锁加盟店。

这个商人一开始选择的是餐饮业,但经过尝试之后发现,自己的优势在房地产方面。有些人遇到此事,为顾及面子,或许仍会勉力支撑不景气的饭馆,在不擅长的事情上坚持到底。而这位商人则是立刻将精力转到了自己最擅长的事情上,所以,他用最短的时间获得了成功。

想要给自己一个准确的定位,寻找到优势和资本,就需要不断地自我反省,冷静分析和逆向揣摩,深入了解自我的才能和兴趣的倾向。

你可以检讨一下以往几年间性格和形象的转变,其中有哪些明显的优势,借以推断出以后的转变方向,以及自身的发展趋势。

重要的还有,你要对自己提出需要解决的问题。

(1)我是谁?

从我的人生观、价值观、资质、兴趣、能力、学业背景、个人形象、动机,家庭背景和影响,其他性格特征等,发现自我的基本面。

(2)我的优势是什么?

反思我目前从事的工作、专业特长,其他资格和技能,社交及与别人沟通的能力,可能发展的技能,社会活动、旅行经验、工作经验,喜爱的工作环境,推销产品的能力,是否喜欢冒险等,从中发现自己的特长和可以倚仗的资本。

(3)我所处的环境是什么样的?

当前工作的性质,我的理想目标、社交环境,人际关系的当前模型,朋友圈、主要领导、主要对手、同事和下属、亲人和朋友等,寻找这些因素之间的联系,给自己一个明确的定位,然后找到最需要解决的主要问题,以及应该采取什么办法,我有哪些资本是可以信赖的,有哪些缺点需要及时改进,从而有的放矢,按部就班地落实好每一步。

鬼谷子告诉我们,一个人不需要多么全能,只要有一点做得好,就足够强大。比如说客,一人之辩,重于九鼎之宝,三寸之舌,强于百万之师;还有剑客,凭一身好武艺,就可成为王公诸侯们的座上宾。每一样都做得出色是不可能的,但我们可以将其中一样做到最精细、最专业,将其打造成自己的立业之本。"圣人所以独用者,众人皆有之;然无成功者,其用之非也。"同时,拥有一技之长后,就要将自己的优势运用得当,只有把能力用在合适的地方,才能够纵横捭阖,收获成功。

3.加强团结,发挥联盟的力量

【原文】

计谋之用,公不如私,私不如结,结而无隙者也。

【大意】

计谋的运用,公开不如隐密,隐密不如二人密谋,二人密谋就可以密而不漏。

鬼谷子说的"结而无隙",是说朋友之间要团结一致,防止出现不必要的隔阂,否则就可能导致事业不顺,给双方带来危机。

战国时候,蔺相如代表赵王出使秦国,完成了"完璧归赵"的壮举,又在渑池会上为国争光,立下大功,被赵王任命为上卿,职位比大将廉颇还要高。廉颇很不服气,私下对自己的门客说:"蔺相如爬到我头上来了。哼!我要给他点颜色看看。"一天,蔺相如坐车出门,瞧见廉颇的车马迎面过来,就叫车夫退到小巷里,让廉颇的车马先过去。蔺相如手下的门客气坏了,纷纷要求离开。蔺相如挽留他们,说:"你们说,秦王和廉将军谁更威风?"门客表示当然是秦王威风。蔺相如接着说:"秦王那么威风,可我就敢当面指责他,我又怎么会怕廉将军呢?我是怕我们两人不和,秦国就会来攻打我们。"廉颇听到这话后,感到十分惭愧。一天,他光着上身,背上绑着荆条,到蔺相如家请罪。蔺相如连忙扶起廉颇,两人从此成为生死之交。

蔺相如面对不可一世的秦王,仗义直言,毫无惧色;而面对盛气凌人的廉颇,则为顾全大局,理智地选择了忍让。因为他清楚地知道,盟友间的不和会给敌人以可乘之机,给国家招来灾祸。当然,老将廉颇先矜后悔,"负荆请罪",其胸怀之坦荡也同样令人敬仰。如果天下的同盟者都有蔺、廉二人这样的胸怀,又何愁不能同舟共济,共同开创出一片天地呢?

如果是不同的集团结成联盟,就更需要加强团结,否则就难以发挥联盟的力量。

春秋时期,诸侯割据,攻战不已。

有一年,晋将荀偃为统帅,率领鲁、齐、卫、郑等国联军进攻秦国,在棫林与秦军僵持了很长时间。荀偃见联军以众击寡却难取胜,一时情急,没有和各国将领商议,就下达了一道命令:"明天早晨鸡一叫,全军就要驾马套车,拆掉炉灶,许进不许退,唯我马首是瞻!"晋卿栾黡听到荀偃的命令,非常反感,气愤地对手下军士说:"晋国从未有过这样的命令!好,他的马头向西,我偏要向东!"于是,他率领手下的军队返回晋国。其他将领看到这种情况,谁也不愿跟着荀偃进攻秦国,全军顿时陷入了混乱。荀偃此时虽后悔不已,但军心已经涣散,只得沮丧地下令撤兵回国。

诸国军队合在一起,浩浩荡荡,貌似强大,但人心不齐。人心齐,泰山移,但如果各怀私心,失败就会成为必然。荀偃破釜沉舟的勇气值得肯定,但他忽视了团结合作的重要性,导致了最终的失败。

4.先看其长,后看其短

【原文】

智者不用其所短,而用愚人之所长;不用其所拙,而用愚人之所巧,故不困也。

【大意】

有智慧的人不会运用自己的短处,而用愚人的长处;不会运用自己的笨拙,而用愚人的巧妙之处。这样才不至于使自己陷入困境。

每个人都有自己的优点,也都有自己能力所不能达到的死角,单打独斗的人永远成不了大气候。能够发现别人的长处,并使之充分发挥作用的人,才能获得成功的力量。

聪明的人善于从别人身上汲取智慧的营养来补充自己。看到他人的缺点很容易,但只有当你能够从他人身上看出优秀的品质,并由衷地欣赏且加以借鉴时,你才能真正赢得友谊和赞赏,并补充自己的能量。

相传子思向卫侯推荐苟变时说:"他的才能可以率领500辆战车,可任命他为军队的统帅。如果得到这个人,你就能天下无敌。"卫侯说:"我知道苟变的才能可以成为统帅,但他曾经当过小吏,去老百姓家收赋税时,吃过人家两个鸡蛋,所以这个人不能用。"

子思说:"智慧者选用人才,就好像高明的木匠选用木材,用它可用的部分,抛开它不可用的部分。所以,一围粗的杞树、梓树,虽然有几尺腐烂了,但优良的木匠却不会放弃它,为什么呢?那是因为知道它的妨害很小,最后能做成非常珍贵的器具。现在,您处在战乱纷争的时代,急需可用之材,仅仅因为'两个鸡蛋'就对栋梁之材弃之不用,这种事可不能让邻国知道啊!"卫侯拜谢说:"我接受你的指教。"

如果你先看一个人的长处,就能使其充分施展才能,发挥他的价值;如果你先看一个人的短处,其长处和优势就容易被掩盖和忽视。因此,看人应首先看他能胜任什么工作,而不应千方百计地挑其毛病。

着眼点应放在一个人的长处上,注意力应集中在一个人的优点上。有这样一句话:"人有过世之才,必有遗世之累。"意思是说,才能越高的人,越容易暴露缺点,如恃才傲物、不拘小节,有怪异的癖好和习惯等。如果你想找"各方面都好,只有优点没有缺点"的人,那最终只能找到平庸的人。对人过分苛求,因一点缺点而弃之不用,这是舍本逐末,将使你失去许多宝贵的人才。事实上,人各有所长,亦各有所短,只要能扬长避短,天下便无不可用之人。从这个意义上讲,识人、用人之道,关键在于先看其长,后看其短。

美国柯达公司在制造感光材料时,需要有人在暗室工作,但视力正常的人刚进入暗室时,会有些不知所措。针对这种情况,有人建议:盲人习惯于在黑暗中生活,如果让盲人来干这种工作,一定能提高工作效率。于是,柯达公司经理下令:将暗室的工作人员全部换成盲人。在暗室里工作,盲人远远胜过正常人,真可谓"善于用人短变长"。柯达公司巧用盲人这一行动不仅提高了劳动生产率,给公司增加了利润,也给公众留下了不拘一格"重用人才"的良好印象。

对人的"短处"仅仅容忍是不够的,最明智的办法是化"短"为"长",这样才有可能最大限度地减少它的危害。学会欣赏别人的长处,有效发扬别人的长处,你就离成功不远了。

5.集思广益,博采众长

【原文】

计谋者,存亡之枢机。虑不会,则听不审矣,候之不得。

【大意】

计谋是决定事情成败的关键。如果彼此之间的意见不能互相交换,那么,听到的就不可能详细、全面,就无法探知事物的变化。

任何人的智慧都是有限的。智慧越有限,就越要集思广益,广泛听取各方面的意见。

人们为了解决共同的问题,通常会开会议事,沟通交流,融合观点,消解矛盾,形成决议,必要时还会以投票的方式让多数人的意志变为行动指导的决议。人们这种集思广益,凝聚众人智慧的议事和决策方式,是人类文明进步的重要标志。

鬼谷子认为,正确的计谋、决策是众人相互沟通、交流的结果。彼此之间相互交换意见,决策者才能考虑详细、周全,做出的决策才能符合实际情况,这样的决策方案才是正确可行的。

俗话说:"三个臭皮匠,顶个诸葛亮。"这句俗语其实源于"三个臭裨将,顶个诸葛亮"的典故。

裨,意为辅佐的,副的。裨将为古代的副官,在战争中多冲在第一线。也就是说,三个下层的、在第一线上行军打仗的裨将,他们的经验和智慧集中起来,有时比远在大帐里指挥、足智多谋的诸葛亮更强。后来,"裨将"变成了"皮匠",这是长期以讹传讹的结果。

不管说法怎样,一个不争的事实是,这句俗语强调了集思广益,凝聚众人智慧的重要性。

老子曰:"不自见,故明;不自是,故彰;不自伐,故有功;不自矜,故长。"意思是说,执政者不自视高明而把别人看作庸人,就能博采众长、集思广益,所以能明辨是非;不自以为是、死不认错,就能避免大的灾难,所以能建功立业;不自我吹捧、谦虚做人,就能有良好的声誉,所以有功勋;不骄傲自满、目空一切,就能平等待人,所以能在历史上留下好名声。

这就告诉我们,在做事、考虑问题时,要善于借助自身的优势和他人的长处,多对周围的人和事进行分析比较,从中吸取有益成分,取人之长,补己之短。

如今，柯达公司虽已风光不再，但没有人能忘记它曾经的辉煌。在柯达的巅峰时期，仅其商标的价值就超过20亿美元，"请你按下快门，其他的事由我们来做"这句推销界的名言更是为世界所共知。柯达公司能取得如此骄人的成绩，与他的创始人乔治·伊士曼密不可分。

乔治·伊士曼认为，公司的许多设想和问题都可以从员工的意见中得到反映和解答。为了收集员工的意见，他设立了建议箱，这是美国企业界的一项首创。公司里的任何人，不管是白领工人还是蓝领工人，都可以把自己对公司某一环节或全面的战略性改进意见写下来，投入建议箱。公司指定专职的经理负责处理这些建议。被采纳的建议，如果可以替公司省钱，公司将提取前两年节省金额的15%作为奖金；如果可以研发一种新产品上市，奖金是第一年销售额的3%；如果未被采纳，也会收到公司的书面解释函。建议都被记入本人的考核表格，作为提升的依据之一。

柯达公司的"建议箱"制度从1898年开始实施，一直坚持到现在。第一个给公司提建议的是一个普通工人，他的建议是软片室应该有人负责擦洗玻璃。很快，这位工人的建议得到了20美元的奖励。

自设立建议箱100多年来，柯达公司共采纳了员工所提的七十多万个建议，付出奖金达2000万美元。这些建议减少了大量耗财费力的文牍工作，更新了庞大的设备，并且堵塞了无数个工作的小漏洞。

例如，公司原来打算耗资50万美元兴建包括一座大楼在内的设施来改进装置机的安全操作系统。可是，一个叫贝金汉的工人提出了一项建议，不用兴建大楼，只需花5000美元就可以办到。后来，他的详细计划被采纳，贝金汉为此获得了5万美元的奖金。

若员工能充分发挥主动性和创造性，公司管理层就能集思广益，凝聚公司全体人员的智慧，做出正确高效的决策。日常处事也是如此，要善于倾听各方面的意见，集思广益、博采众长，善于团结协作，凝聚力量、调动各方面的积极因素。

那么，怎样才能做到集思广益，凝聚众人智慧呢？

第一，无论事情大小，都要深入到细节中去，每一个环节都不得马虎。问题考虑详细了，才能发现更多的小问题，才能发现自己的不足之处。

第二，不搞"一言堂"。很多人都有"一言堂"的权力，他们也常因此而自觉高人一等，听不进别人的意见，这就使得他们更容易犯错。须知，别人对我们的信任、支持、重视、提议，甚至否定、批评，都是有益于我们做出正确决策的。

第三，借脑生智，发挥集体作用。对于领导者来说，不依靠智囊团是很难成为高明的决策者的，也很难做出正确科学的决策。不善于倾听各方面的意见，不积极与人沟通交流、交换意见，就很容易犯自以为是的错误。

6.善于借鉴，少走弯路

【原文】

于是度之往事，验之来事，参之平素，可则决之。

【大意】

推测以往的事，验证未来的事，再参考日常的事，如果可以，就作出决断。

今天是昨天的未来,今天又是明天的昨天。想要获得新的未来,就不能定格在转瞬即逝的今天;想要有沉甸甸的历史,就不能没有金灿灿的今天。

"读史使人明智",它可以让我们察古观今,以为镜鉴,不至于重蹈前人的覆辙。失去过去就没有历史,没有历史就会失去身份的认同感,而没有现在就会失去存在,没有将来则意味着失去盼望。中国是一个历史极其悠久的国家,在漫长的封建社会里,改朝换代、你争我夺的事情经常发生,所以统治者最需要的就是一种高瞻远瞩、洞若观火的预见能力。中国自古就有许多政治预言家,这些人好似前知一千年,后知五百年。实际上,他们都是普通人,只不过是积累了极其丰富的政治预见的成功经验,而且善于根据社会形势、人事去分析得失成败以及各种社会力量的对比发展。

历史的意义,不是机械地记录过去的事实,而贵在检讨既往,为后世提供经验教训。尤其在竞争激烈的商海中,不论是声名显赫的大企业,还是名不见经传的小企业,要想做到永远不败是不可能的,因为成功企业的经验都是相似的,但企业失败的教训却各有不同。所以,探寻企业失败的原因,借鉴企业失败的案例,能够给创业者以警示。也唯有这样,企业才不会在同一个地方第二次跌倒。

大千世界丰富复杂、瑰丽多彩,只有在充满风霜雪雨的路途中跋涉过,才能体味其中荣辱沉浮的真谛;只有体验深刻,才能孕育博大的境界;只有经历过蜕变,才能领悟生命的蕴意。

古人云:"前事不忘后事之师。"而且,"今之于古也,犹古之于后世也;今之于后世,亦犹今之于古也。故审知今则可知古,知古则知后"。历史是陈年旧迹,但真实的历史从来都是活生生的过去。历史是我们认识现在、把握未来的拐杖,通过历史,我们可以向更大的时空范围内要经验,向几千年的一切人、一切事学经验,从而使我们能更好地知成败、明得失、增智慧。

花旗银行前任董事长瑞斯顿说："正确的判断是经验的结果，而经验是错误判断的结果。""他山之石，可以攻玉"，微软公司就愿意聘用那些曾经犯过错误而又能吸取经验教训的人。微软的执行副总裁迈克尔·迈普斯说："我们寻找那些能够从错误中学会某些东西、主动适应的人。在录用过程中，我们总是问应聘者：你遇到的最大失败是什么？你从中学到了什么？"有过失败经历的人会积累更多的经验，这对企业来说无疑是好事。

鉴于秦朝灭亡的教训，西汉前期采用了休养生息的政策；看到西汉土地兼并的弊端，东汉初年开始限制这个问题；唐朝建立时吸取隋朝大兴土木的教训，便关注民生；宋朝吸取唐朝后期以来藩镇割据的教训，采取崇文抑武的政策；明朝初年吸取过去宦官干政的教训，专门在宫殿门口树了一个牌子，规定宦官不能接触政事……

历史的发展，就是不断吸取之前的教训的过程。用别人的教训充实自己的经验宝库，变别人的智慧为自己的智慧，可以使我们少走很多弯路。

我们在生活中总会遇到各种各样的麻烦和问题，这时，从别人那里学习经验就成了使我们规避不必要的失败的重要手段。并不是所有的道路都需要重新再走一遍，经验的意义就在于，他人的失败值得我们引以为戒，自己的失败更要时刻牢记。

事实上，我们完全可以避免许多不应该有的错误，因为很多事我们都有案例可以借鉴。认真地抬起头，观察、思考前人的经验和教训，不仅可以节省大量的探索时间，还能使我们避免犯下很多探索中的错误。

7.放低姿态,拉近与他人的距离

【原文】

虚心平意,以待倾损。

【大意】

要心平气和地面对纷争。

身处职场,我们需要成长,需要不断发挥自身的潜能,去实现自我价值,而他人的经验及智慧又是我们不断向前、尽快实现自我价值的捷径。因此,我们要虚心地向别人请教,以提高和完善自己。

做任何事都要有谦逊的心态。如果想要学到更多东西,先要把自己想象成"一个空着的杯子"。一个杯子如果是空的,它便有整杯的容量去容纳新的事物,而满的杯子则没有空间去容纳新的东西。如果一个人把自己想象成一个空的杯子,他就能怀着一颗谦卑的心,以无限的热情去学习新的知识、新的技能,不断充实自己;如果他骄傲自满,总认为自己已经很了不起了,那他将永远停留在原地,无法前进。

一天,青年宏志千里迢迢来到法门寺,向住持释圆诉苦说:"我一心一意想学绘画,但许多人都是徒有虚名,我至今没有找到一个能令自己满意的老师!"

释圆听了这番话,淡淡一笑说:"老僧不懂绘画,最大的嗜好就是品茗饮茶,尤其喜爱那些造型流畅的古朴茶具。既然施主的画技不比那些名家逊色,就烦请施主为老僧画一个茶杯和一个茶壶吧。"宏志一口答应下来。

　　宏志调了一砚浓墨，铺开宣纸，寥寥数笔，就画出了一个倾斜的水壶和一个造型典雅的茶杯，那水壶的壶嘴正对这茶杯注入一股清茶。宏志问释圆："这幅画您满意吗？"释圆微微一笑，摇了摇头。

　　释圆说："你画得确实不错，只不过，你把茶壶和茶杯的位置放错了，应该是茶杯在上、茶壶在下呀。"宏志听了，笑着说："大师为何如此糊涂，哪有茶杯在上、茶壶在下的？如此，茶壶怎么向茶杯注水呢？"释圆听了，又微微一笑说："原来你懂得这个道理啊！你渴望自己的杯子里能注入那些丹青高手的香茗，但你却把自己的杯子放得比那些茶壶还要高，这样，香茗怎么能注入你的杯子里呢？只有把自己放低，才能吸纳别人的智慧和经验啊。"

　　我们需要掌握的知识、技能是无限的，而一个人的聪明才智却是非常有限的。所以，应该把自己的姿态放低些，多向别人学习。不管你能力如何，都应该时刻把自己的位置放在低处，这样才能博采众长，快速成长。

　　不论一个人的资历、能力有多出众，在浩瀚的社会里，都是非常渺小的。自认怀才不遇的人，往往看不到别人的优秀；愤世嫉俗的人，往往看不到世界的美好；只有敢于低头并否定自己的人，才能够一直吸取经验教训，让自己不断地成长与进步。

　　只有懂得放低姿态，谦虚地向他人学习及请教，才能不断进步，获得别人的认可和尊重。在此以前，你可能有过很高的地位，也可能拥有过很多的财富，具有渊博的知识，但是，无论你曾经拥有什么或已经得到了什么，一旦你决定向下一个目标进取的时候，就一定要放低姿态，不能因为你曾经是千人企业的老板，就不愿听一个普通员工的指导；也不能因为你曾是上司或老师，就不去听取一个下属或学生的真诚规劝。

即使你认为自己才华满腹,也要学会藏拙。当你的事业越大、地位越高时,越要懂得低头。一个人越懂得谦虚恭敬,就越能拉近与他人之间的距离,而且更利于彼此的沟通与交流,也更容易让对方从心理上接受你。

8.把握尺度,得饶人处且饶人

【原文】

非独忠信仁义也,中正而已矣。

【大意】

圣人处世并不是单纯讲求忠信仁义,不过是在维护不偏不倚的正道而已。

所谓“中正”,即不偏不倚。鬼谷子认为,做人做事要把握一定的尺度,做任何事情都不能太过,要有一定的分寸。遇到他人有过失,应该点到为止,得理饶人。

适度为美,过度为丑;适度为福,过度为祸。世间万物必有度。水冷却至零度,便会结冰,加热至沸点,必然沸腾;酒是好东西,可饮酒过度便会伤身甚至生乱;快乐是好事,可高兴过度便会失态。失态与过度,都是失衡。

与人相处,最难的是适可而止、得理饶人,给别人留些余地,让其有改过自新的机会。人非圣贤,孰能无过?我们自己犯错时,不是也希望别人能够手下留情吗?

待人处事"得理"固然重要,但绝对不可以"不饶人"。

明朝左都御使王璟年轻时,曾有个冤家隔窗刺杀他。王璟躲开了,没有被刺中。刺客以为自己在夜间行刺,王璟一定没有看见他,便没有执意杀人灭口,径自离开了。其实,王璟乘着窗外的月色,认出了刺客是谁,但他却保密了三十多年,从未向任何人讲起这件事情。

后来,王璟做了大官,而那个刺客却遭人诬陷,锒铛入狱。那人因此求救于王璟。王璟没有丝毫犹豫就答应了他,为他主持了公道,使他免于一死。

事后,那人要送王璟厚礼,却被王璟谢绝了。王璟笑着对他说:"你那天晚上要是把我刺死了,现在谁来救你?以后可不要再害人了!"那人痛哭流涕,向他谢罪而去。

建安二年(公元197年),屯兵南阳的张绣率部投降曹操。可才过了十几天,张绣又突然反叛,袭击了曹操的兵营。曹操措手不及,被打得大败,他的长子曹昂、侄子曹安民遇害,他的得力大将典韦战死,而他自己虽然逃得性命,可右臂被箭射伤,所骑的名马"绝影"也被射死。

第二年,张绣又和刘表联合,在安众(今河南邓州市境内)分兵前后夹攻曹操,使曹操又一次陷入险境。曹操让士兵连夜开挖地道才逃得性命,并用奇兵把张绣打败。

后来,张绣在他的谋士贾诩的劝说下又一次投降曹操。曹操没有计较杀子之仇,盛宴欢迎张绣,还为自己的儿子求得张绣的女儿为妻,拜张绣为扬武将军。此后,张绣在官渡之战破袁谭有功,先迁破羌将军,后增邑至两千户。当时,天下户口减耗严重,十家往往只剩一家，曹操的将领封邑都还没有满千户，却给了张绣最丰厚的封赐，足见其对张绣的厚待。

　　每个人的价值观、生活背景都不同，彼此之间出现分歧在所难免。大部分人一旦身陷斗争的漩涡，便会不由自主地焦躁起来。一方面为了面子，一方面为了利益，一旦得了"理"便不饶人，非逼得对方鸣金收兵或投降才肯罢休。然而，"得理不饶人"虽然让你吹响了胜利的号角，却也为下一次争斗拉开了序幕。因为对方虽然"战败"了，但为了面子或利益，他总有一天会"讨"回来。

　　日常生活中，切记要留一点余地给得罪你的人，否则，不但消灭不了眼前的这个"敌人"，还会让身边更多的朋友疏远你。给对方一个台阶下，为对方留点面子和立足之地，对方必会对你心存感激；就算不感激，也至少不会与你为敌。况且，这个世界本来就很小，若哪一天两人再度狭路相逢，而他势强、你势弱，他会怎么对待你呢？得理饶人，也是为自己留条后路。

　　总之，人际交往的基本准则是理解和宽容。与人交往就像山谷中的回音，你发出的是什么声音，反馈的就是什么声音，意气用事只会给自己日后的工作和生活埋下隐患。所以，就算是在冲突中占优势，你也要不断提醒自己做到"得饶人处且饶人"。

第四章

打动人的是言语，驱动人的是情感

1.引导别人去说他的事情

【原文】

审定有无，与其实虚，随其嗜欲以见其志意。微排其言而揣反之，以求其实，贵得其指。

【大意】

要想摸清对方有什么、需要什么，探察其虚实，通过对他们嗜好和欲望的分析来揭示他们的志向和意愿。适当贬抑对方所说的话，当他们开放以后再反复考察，以便探察实情，切实把握对方言行的宗旨。

在交谈过程中，你要尽量引导别人说他自己的事情，你以充满同情和热诚的心去听他叙述，一定会给对方留下不错的印象。

无论是与朋友还是客户交谈，多谈一谈对方的得意之事，这样容易赢得对方的赞同。如果能够表现得恰到好处，他肯定会很高兴，并对你心存好感。

美国著名的柯达公司创始人伊斯曼，捐赠巨款在罗彻斯特建造了一座音乐厅、一座纪念馆和一座戏院。为承接这批建筑物内的坐椅，许多制造商展开了激烈的竞争。但是，找伊斯曼谈生意的商人无不乘兴而来，败兴而归，一无所获。在这样的情况下，"优美座位公司"的经理亚当森前来会见伊斯曼，希望能够得到这笔价值9万美元的生意。

伊斯曼的秘书在引见亚当森前，就对亚当森说："我知道您急于得到这批订货，但我现在可以告诉您，如果您占用了伊斯曼先生5分钟以上的时间，您就完了。他是一个很严厉的大忙人，所以您进去后要快快地讲。"亚当森微笑着点头，并对秘书的提点表示感谢。

亚当森被引进伊斯曼的办公室后，看见伊斯曼正埋头于桌上的一堆文件，便静静地站在那里仔细地打量这间办公室。

过了一会儿，伊斯曼抬起头来，发现了亚当森，便问道："先生有何见教？"

秘书给亚当森作了简单的介绍后，便退了出去。这时，亚当森没有谈生意，而是说："伊斯曼先生，在我等您的时候，我仔细地观察了您这间办公室。我本人长期从事室内的木工装修，但从来没见过装修得这么精致的办公室。"

伊期曼回答说："哎呀！您提醒了我差不多忘记了的事情。这间办公室是我亲自设计的，当初刚建好的时候，我喜欢极了。但是后来一忙，一连几个星期我都没有机会仔细欣赏一下这个房间。"

亚当森走到墙边，用手在木板上一擦，说："我想这是英国橡木，是不是？意大利的橡木质地不是这样的。"

"是的，"伊斯曼高兴地站起身来回答说，"那是从英国进口的橡木，是我的一位专门研究室内橡木的朋友专程去英国为我订的货。"

伊斯曼心情极好，便带着亚当森仔细地参观了一番办公室。他把办公室内所有的装饰一件件向亚当森作介绍，从木质谈到比例，又从比例扯到颜色，从手艺谈到价格，然后又详细介绍了他设计的经过。

此时，亚当森微笑着聆听。他看到伊斯曼谈兴正浓，便好奇地询问起他的经历。伊斯曼便向他讲述了自己苦难的青少年时代的生活，母子俩如何在贫困中挣扎，自己发明柯达相机的经过，以及自己打算为社会所作的巨额的捐赠……亚当森由衷地赞扬他的功德心。

本来秘书警告过亚当森，谈话不要超过5分钟。结果，亚当森和伊斯曼谈了一个小时又一个小时，一直谈到中午。

最后，伊斯曼对亚当森说："上次我在日本买了几张椅子，放在我家的走廊里，由于日晒，都脱了漆。昨天我上街买了油漆，打算由我自己把它们重新油好，您有兴趣看看我的油漆表演吗？好了，到我家里和我一起吃午饭，再看看我的手艺。"

午饭以后，伊斯曼便动手，把椅子一一漆好，并深感自豪。直到亚当森告别的时候，两人都未谈及生意。最后，亚当森不但得到了大批的订单，还和伊斯曼结下了终身的友谊。

为什么伊斯曼把这笔大生意给了亚当森，而没给别人？这与亚当森的口才有很大的关系。如果他一进办公室就谈生意，十有八九会被赶出来。亚当森成功的诀窍，在于他从伊斯曼的办公室入手，巧妙地赞扬了伊斯曼的成就，谈得更多的是伊斯曼的得意之事，这使伊斯曼的自尊心得到了极大的满足，这笔生意当然非亚当森莫属。

每个人都有自己的心理诉求。所以，与人打交道时，我们应学会观察对方,倾听对方的心声。

如果想要深刻地影响他人,就要做到从他人最细微的需求出发。人的需要多种多样,每个人真正关注的事物往往都是十分个性化的。聪明人总会十分努力地去探知他人的特殊需求,再力求帮助其实现。

著名推销员麦凯说:"每一个业务员都必须全面地了解客户。只有对客户做到彻底的了解,才能把客户照顾得无微不至。"有一次,麦凯知道一个客户是高尔夫球明星尼克斯最忠实的球迷,他便亲自买了一本尼克斯所写的书,并请尼克斯签了名。当他把这本书送给那位客户的时候,对方非常兴奋,因为他没想到自己能拥有尼克斯亲笔签名的书,而且是由麦凯送给他的。这件事让他觉得麦凯非常细心周到,因此,他不断地告诉周围的朋友:"只要有生意,一定要跟麦凯合作,因为麦凯的服务是一流的。"

2.寻找共同点"粘"住对方

【原文】

人之有好也,学而顺之;人之有恶也,避而讳之。

【大意】

如果对方有某种嗜好,就要设法迎合他的兴趣;如果对方厌恶什么,就要加以避讳,以免引起反感。

假如你希望别人同意并接受你的观点,那就要学会寻找共同点,引起对方的共鸣,这样,别人才会向你敞开交往的大门。

一个人的成功,离不开良好的人际关系。相同的声音、相同的追求就如同是灵魂的神秘胶漆,生活的甜料,社会性的连接物,只有找到与他人的共同之处,才会有继续交往下去的可能。

宋哲宗时,苏轼出任杭州知州。有一天,税务官送来了一名逃税的人,交给苏轼处理。苏轼一问,才知道此人叫吴味道,是剑南州的乡贡生。他将两大包东西冒充苏轼的名字,假说是运到京城给侍郎苏辙的。苏轼一问方知,吴味道被推举参加今年秋天的礼部考试,临行前乡亲们送了些盘缠,他购得二百匹建阳纱,如果交税,到京城就剩不到一半了。因为听说学士兄弟俩喜欢读书、名气大,所以吴味道就假冒苏轼之名。苏轼知道后很同情他,于是撕去了旧封条,换上了自己的真实签名,又给了他一封写给弟弟苏辙的亲笔信,使吴味道得以免交赋税,保住了盘缠。

正是由于苏轼自己是读书人,喜欢、尊重读书人,吴味道才得到了苏轼的帮助。

1985年,美苏冷战时期,两大对立阵营的领袖里根同戈尔巴乔夫在日内瓦进行了第一次会面。一开场,里根就半开玩笑地对戈尔巴乔夫说:"我们两个都生长于小城镇。"这一句话就拉近了他们之间的关系,冲淡了个人在种种重大原则上的对立情绪。

寻找共同点作为话题,可"粘"住对方。"物以类聚,人以群分",每个人的社交圈实际上都是以自己为圆点,以共同点(年龄、爱好、经历、知识层次等)为半径构成无数的同心圆。共同点越多,圆与圆之间交叉的面积越大,共同语言也越多,也最容易引起对方的共鸣。

同陌生人交谈是口语交际中的一大难关,处理得好,可以一见如故,相见恨晚;处理得不好,就会导致四目相对,局促无言。一个人的心理状态、精神追求、生活爱好等,都或多或少地会在他们的表情、服饰、谈吐、举止等方面有所表现,只要善于观察,共同点并不难找。

陌生人对话,为了打破沉默的局面,需要有人主动开口讲话。有人以打招呼开场,询问对方籍贯、身份,从中获取信息;有人通过听说话的口音、言辞,了解对方的情况;有的以动作开场,边帮对方做某些急需帮助的事,边以话试探;有的以借火吸烟为突破口,也可以发现对方特点。

发现共同点并不难,但这只是谈话的初级阶段所需要的。随着交谈内容的深入,共同点会越来越多。为了使交谈更有益于对方,我们必须一步步地挖掘深一层的共同点,才能如愿以偿。譬如面临的共同的生活环境、共同的工作任务、共同的行路方向、共同的生活习惯等,只要仔细观察,陌生人无话可讲的局面就不难打破。

求相似之处,在语言运用上有一个基本原则,就是多说"是",少说"不"。一旦说出"不"字,交往的大门也就关闭了。当你与对方意见相左,但是希望对方改变时,要避免用"你"而应当恰当地将"你"变成"我"。为避免引起心理上的对立,不要用"你"来指责对方的错误,而要谈论"我"对这件事的感受,这样有利于改变对方的态度,解决问题。希望别人采纳自己的意见时,要尽量避免说"我",用"我们",这样会使对方感觉你是在替他着想,你的主意、要求和大家是一致的,从而有助于取得立场的一致,顺利地解决问题。如果你非要表达不同的意见,表示反对时,要注意表达的方式艺术。你可提出与对方相同的看法后,再把你不赞成的内容加进去。一旦找出同意点,对方对你所提的反对意见也会比较乐于接受。比如在别人说了一个观点后,你可以回答"我也是""我赞成你这么说""我也是这么认为的""看来,我们有许多相似之处"等。

一台机器如果不加油,一定会运转不畅,甚至发生故障,至少会发出刺耳的机械摩擦声;反之,加进了润滑油,它就会很畅快地工作。人际交往也是如此,各抒己见的确可以形成百花齐放、百家争鸣的场景,但是这样就很难形成一种凝聚力。行为学家发现,75%的人和你截然不同,这说明每个人都是少数派。然而,虽然他们言谈举止与你有着千差万别,但他们对你一生的成功却至关重要。富兰克林说:"如果你老是争辩、反驳,也许偶尔能获胜,但那只是空洞的胜利,因为你永远得不到对方的好感。"

尽快找到双方的共同点,探讨一些适当的话题,是加强与人们沟通最有效的方法。

3.适当赞美,有益无害

【原文】

佞言者,谄而干忠;谀言者,博而干智。

【大意】

说着奸佞话的人,由于会谄媚,反而让人觉得忠厚可信;说着奉承话的人,由于会吹捧,反而显得智慧博学。

生活中,每个人都不会拒绝别人真诚的赞美。所以,为了使人际关系更融洽,使自己得到他人更多的帮助,我们应该学会说一些得体的夸赞他人的话。

大文豪萧伯纳曾说过:"每次有人吹捧我,我都头痛,因为他们捧得不够。"可见,关键是赞美的人能不能抓住被赞美之人的"闪光点"。

《论语》记载,有一天,卫国大夫棘子成对孔子的学生子贡说:"君子只要有好的本质就够了,为什么还要注意自己的语言呢?"子贡说:"您这样说是不对的。俗话说:一言既出,驷马难追。我们说话的时候应该特别注意。就像虎豹的皮和犬羊的皮,它们的区别既在于本质,也在于花纹,如果把这两类兽皮上的毛拔去,那么两者看起来就差不多了。"子贡的意思是说:说话要注意文采和修辞,因为人们对于自己说过的话,是要负起责任来的。棘子成听了连连点头,认为很有道理。

看问题首先当然要看实质,不能只看外表。但在实质的基础上,注意适当的修饰,是有益无害的。适当的文饰,有助于发挥积极作用。

喜欢听好话似乎是人的一种天性。当来自社会、他人的赞美使其自尊心、荣誉感得到满足时,人们便会情不自禁地感到愉悦和鼓舞,并对说话者产生亲切感,这时,彼此之间的心理距离就会因一句好话而缩短、靠近,这为交际的成功创造了必要的条件。

4.委婉曲折的话语,更容易打动对方

【原文】

感动而不知其变者,乃且错其人,勿与语,而更问其所亲,知其所安。

【大意】

对那些已经受到感动,却仍然不见有变化的人,要改变游说对象,不要再对其说什么了,而应改向他亲近的人去游说,这样就可以知道他不为所动的原因。

其实,人生在世有许多身不由己之时,在很多场合、很多情况下,我们不能畅所欲言。这时要注意学会另辟蹊径,摆出客观存在的相类似的另一件事实,让对方有所思,继而做出选择,这样比直接陈述自己的观点更容易让人接受。

语言是一块琥珀,好的说话艺术就像是一场精彩的球赛,那强有力的扣杀或一脚直射固然赏心悦目,而声东击西、曲线射门更让人觉得妙不可言。有时,委婉曲折的话语更容易打动对方的心扉。

一个寒冷的冬日,纽约一条繁华的大街上,一个胸前挂着"自幼失明"的可怜人向一位诗人乞讨,诗人说:"我也很穷,不过,我给你写句话吧。"说完,诗人就在乞丐的牌子上写道:"春天就要到了,可我无法看见它。"这句话委婉地表达了失明者的悲惨遭遇,具有丰富的内涵,很容易引起人们的联想和同情。从那天起,很多经过乞丐身旁的人都纷纷向他慷慨施舍。

可见,委婉措辞、旁敲侧击有时比直言不讳更有感染力。

曹操很欣赏曹植的才华,因此想废了曹丕转立曹植为太子。当曹操就这件事征求贾诩的意见时,贾诩却一声不吭。曹操就很奇怪地问道:"贾诩,我问你意见,你为什么不说话?"贾诩说:"我正在想一件事呢!"曹操问:"你在想什么事?"贾诩答:"我正在想袁绍、刘表废长立幼招致灾祸的事。"曹操听后哈哈大笑,立刻明白了贾诩的言外之意,此后再也没提过废曹丕的事。

心理学家调查分析发现,人们对直接批评的接受率是20%,而对间接批评的接受率却高达80%。人人都有自尊,也有自知之明,有些事情,如果从正面谈起,就会发生摩擦,但是采取迂回的方式,既保留了对方的自尊,又容易让人接受,何乐而不为呢?尤其是古代帝王,他们自称是代天行事,所以很少有帝王能像唐太宗李世民那样听得进逆耳忠言。所以,碰到那些多狐疑、多猜忌、多暴虐、多恣意的帝王,做臣下的就不能强说强谏,而应该采用迂回曲折的方式表达自己的意见,使帝王有所感悟,进而有所悔改和转变。

春秋时期的齐景公放荡无度,很喜欢玩鸟,他甚至专门派了一个人给他养鸟,这个人就是烛邹。一天,烛邹不小心把鸟给弄丢了,齐景公大怒,要杀烛邹。晏子闻讯,十分着急,他想救烛邹,又怕劝谏会引起齐景公的反感,反而害了烛邹。想了又想,晏子决定正话反说。

晏子拜见齐景公说:"我听说大王要杀烛邹,我觉得烛邹确实该杀,烛邹有三大罪状:第一,不能恪尽职守,居然弄丢了大王最喜爱的鸟;第二,因为弄丢了鸟,使得大王不得不为了几只鸟而杀人;第三,因为弄丢鸟而被大王杀掉,使得别国诸侯都知道我王重鸟轻人,滥杀无辜。这样看来,烛邹真是罪大恶极,死有余辜。"

齐景公一听,马上转怒为愧说:"晏子,我听懂你的教诲了。"晏子本意是责备景公轻人重鸟、滥用刑罚,他巧妙地正话反说收到了预期的效果,救回了烛邹的性命。

"不识庐山真面目,只缘身在此山中。"当局者迷,旁观者清。有时,处在事情中的人常常意识不到事情的发展,借物说事、侧面点拨也不失为提醒对方的一个好方法。

佛印和尚和北宋大文豪苏东坡之间的逸闻趣事历来为人们所津津乐道。

一日中午,苏东坡去拜访佛印。佛印正忙着做菜,刚把煮好的鱼端上桌,就听到小和尚禀报:东坡居士来访。佛印不想让苏轼分吃自己的鱼,情急生智,把鱼扣在了一口磬中,便急忙出门迎接客人。两人同至禅房喝茶,苏东坡喝茶时,闻到阵阵鱼香,又见到桌上反扣的磬,已然心中有数。因为磬是和尚做佛事用的一种打击乐器,平日都是口朝上,今日反扣着,必有蹊跷。佛印说:"居士今日光临,不知有何见教?"苏东坡有意开老和尚玩笑,装着一本正经的样子说:"在下今日遇到一难题,特来向长老请教。"佛印连忙双手合十说:"阿弥陀佛,岂敢,岂敢。"苏东坡笑了笑说:"今日友人出了一对联,上联是:向阳门第春常在。在下一时对不出下联,望长老赐教。"佛印不知是计,脱口而出:"居士才高八斗、学富五车,今日怎么这么健忘啊?这是一副老对联呀,下联是:积善人家庆有余。"苏东坡不由得哈哈大笑:"既然长老明示磬(庆)里有鱼(余),就请让我来大饱口福吧!"佛印无奈,只好拿出藏在磬里的鱼给自己的老友分享。

语言的真正作用与其说是表达我们的需求，不如说是掩饰我们的需求。旁敲侧击正是为了发挥语言的暗示作用。

知道事物应该是什么样，说明你是聪明的人；知道事物实际上是什么样，说明你是有经验的人；知道怎样使事物变得更好，说明你是有才能的人；知道如何激发他人的智慧，即鬼谷子所讲的："感动而不知其变者，乃且错其人，勿与语，而更问其所亲，知其所安。"证明你是能获得成功的人。

5.谈话之前要充分准备

【原文】

欲说者，务隐度，计事者，务循顺。阴虑可否，明言得失，以御其志。方来应时，以合其谋。详思来捷，往应时当也。

【大意】

想要说服他人，度量、策划事情，务必要循沿顺畅的途径。暗中分析是否可行，透彻说明得失，以便影响君主的意向。以巧妙的方法来进言还要合时宜，以便与君主的谋相合。应详细地思考后再去进言，以适应形势。

鬼谷子认为，要保证游说行动的成功，有两个不可或缺的环节，即"审量权""审揣情"。这里的"审"，就是细致、精心的意思。也就是说，要在把握基本事实的基础之上进行缜密的分析、判断，进而决定最佳行动方案。

一次，一家美国公司与日本公司洽谈购买国内急需的电子机器设备。日本人素有"圆桌武士"之称，富有谈判经验，手法多变，谋略高超。美国人在强大对手面前不敢掉以轻心，组建了精干的谈判班子，对国际行情做了充分的了解和细致的分析，制订了谈判方案，对各种可能发生的情况都做了预测性估计。

尽管做了各种可能性预测，但在具体方法步骤上，美国人还是缺少主导方法，对谈判取胜没有十分把握。谈判开始后，按国际惯例，由卖方首先报价。报价不是一个简单的技术问题，它有很深的学问，甚至是一门艺术：报价过高会吓跑对方，报价过低又会使对方占便宜而自身无利可图。

日本人对报价极为精通，首次报价1000万日元，比国际行情高出许多。日本人这样报价，如果美国人不了解国际行情，就会以此高价作为谈判基础；但日本人过去曾卖出过如此高价，有历史依据，如果美国了解国际行情，不接受此价，他们也有辞可辩，有台阶可下。

事实上，美国人已经知道了国际行情，知道日本人在放试探性的气球，所以他们果断地拒绝了对方的报价。日本人采取迂回策略，不再谈报价，转而介绍产品性能的优越性，用这种手法支持自己的报价。美国人不动声色，旁敲侧击地提出问题："贵国生产此种产品的公司有几家？贵国产品优于德国和法国的依据是什么？"

用提问来点破对方，说明美国人已了解产品的生产情况。日本国内有几家公司生产，其他国家的厂商也有同类产品，美国人有充分的选择权。日方的谈判代表充分领会了美国人提问的含意，故意问他的助手："我们公司的报价是什么时候定的？"这位助手也是谈判的老手，极善于配合，于是不假思索地回答："是以前定的。"主谈人笑着说："时间太久了,不知道价格有没有变动,只好回去请示总经理了。"

美国人也知道此轮谈判不会有结果,于是宣布休会,给对方以让步的余地。最后,日本人认为美国人有备无患,在这种情势下,为了早日做成生意,不得不做出退让。

美国人谈判成功的关键就在于事先做足了准备,摸清了国际行情。当日本人试探性地想用高价敲定合同时,美国人并不直接砍价,而是旁敲侧击地告诉对方,日本国内还有其他几家公司有同类产品,所以,你报出高价也没用。

可见,在谈判中避免被对方操纵其实并不难,只需要像上文中的美国人一样提前准备充分即可。

要做到"料敌如神",必须进行细致的观察和思考。有条件的话,可以直接观察对方的动向,以判断他们的行动目标。但有时我们不能直接观察对方的行动,这时就需要了解对方有可能接触到的一些事物,尤其是与之直接发生作用的事物,这些事物就像一面镜子,将对手的状态或动向真实地折射出来。

6.谈话要因人而异

【原文】

捭阖之道,以阴阳试之。故与阳言者,依崇高。与阴言者,依卑小。以下求小,以高求大。由此言之,无所不出,无所不入,无所不可。

【大意】

捭阖之道，是从阴阳两方面试探对方。对积极向上的人，应该与其谈论光明向上的道理；对消极保守的人，应讲述求全保身的生存之道。用卑下的求索微小的，以崇高来求索博大。由此看来，只要依照人的这种心理去说服，就能无往而不胜。

在生活中需要说服的对象有很多，他可能是你的领导、你的同事、你的客户、你的朋友、你应聘的主考官……要想有效地说服别人，争取到别人的赞同及支持，仅仅观点正确还不行，靠纯熟的表达技巧也不够，还要掌握一些说服的策略。

"语言是思想的光辉，气质是精神的体现。"战国时的苏秦鼓动其如簧之舌，游说各国，致使六国共同抗秦，暂解危机，阻碍了秦国的称霸过程；张仪又以其伶牙俐齿，瓦解了抗秦联盟，为日后秦统一中国奠定了基础；法国大革命时，正是罗伯斯庇尔的激愤演说冲破了重重阻挠，把罪恶滔天的路易十六推上了历史的断头台。

语言的效力并不在于说多少话，而在于说的话要恰如其分，即善于抓住关键，把握分寸。说话当长则长、该短则短，音量当大则大、该小则小，既不能使人不明白，也不能讲个没完没了。经过考虑的片言只语，胜过冗长的无稽之谈。假如你细心观察就会发现，现实生活中，出言不当，会令你四面楚歌；用言妥帖，会让你左右逢源。

古代有个叫薛登的人，是宰相之子。奸臣金盛想谋害薛登的父亲，便想从薛登身上入手。一次，金盛用激将法引诱薛登砸坏了皇门边的一只木桶。皇帝龙颜大怒，要治薛家父子的罪。薛登略微思索了一会儿,说:"请问陛下是一桶(统)天下好,还是两桶(统)天下好?"皇帝说:"当然是一统天下好。"薛登拍手称赞说:"陛下说得好极了!一统天下好,所以我把那只多余的桶给砸了。"皇帝一听,转怒为喜,连连称赞薛登聪明过人,夸薛父教子有方。薛登正是巧用谐音,随机应变,才消除灾难于口舌之间。

在与人交谈中,除了用语要恰当,还要注意交谈对象的文化层次、生活环境。谈话时要因人而异,不要缺少变通,千篇一律。

明人赵南星在《笑赞》里写过一个笑话:一个秀才想买柴,就对卖柴的人说:"荷薪者过来。"卖柴的一听就过来了,把柴挑到他面前。秀才又问:"其价如何?"卖薪者一听问价了,就说出了价钱。秀才又说:"外实而内虚,烟多而焰少,请换之。"卖柴的没听到柴字,不知道秀才在说什么,于是挑起柴就走了。

秀才因为一个劲地之乎者也,而使卖柴者如入迷雾之中,不知其所云,而没有买成柴。所以,说话时一定要注意交谈对象,不要让对方听得云里雾里、模模糊糊。

"语言不仅是思想的媒介物,而且是思考的一种有效的工具。"明确的语言取决于明确的思想,思想上的错误会引起语言上的错误,语言上的错误会引起行动上的错误。在社交场上,你若不能随机应变,就会被对手弄得窘态百出;在领导人竞选上,你若不能晓之以理、动之以情,就无法得到选民的支持;在谈判中,你若不能据理力争、语出惊人,你就会任人宰割;在法庭辩护上,你若没有犀利的言辞、严密的逻辑,你就会败诉;即便是在婚姻、爱情上,你若不能恰如其分地表达自己的心声,也很难得到对方的垂青。

语言是交流的工具,语言最大的功用就是掷地有声,产生行动上的效果。所以,要尽一切可能发挥语言的作用,使其促使人的行为发生变化。如果你能使用幽默、风趣的语言,即使是在讲述令对方极为尴尬的事,也一定能赢来人们的称赞。

　　美国著名作家马克·吐温有一次去外地办事,他听说当地的蚊子特别厉害,要是不事先和服务员打好招呼,做好防御工作,肯定睡不好觉。怎么办呢?如果直接向服务员说蚊子太多,势必会引起服务员的反感,于是,马克·吐温决定另辟蹊径。正巧马克·吐温登记住宿的时候,一只蚊子飞了过来,马克·温马上说:"早听说贵地的蚊子十分聪明,它已经提前来报到了。"服务员们一听都笑了。这一幽默的"提醒"使服务员们注意到了蚊子的问题,马克·吐温因此如愿以偿地睡了一个安稳觉。

　　幽默是一种艺术,你可以用幽默来增进与他人、组织及公众之间的关系。它可以使你从令人发窘的问题中或感到尴尬的环境下脱身,化阴暗为光明,化干戈为玉帛。

　　一位实业家要奔赴香港,这一举动引起了各方面的重视,这位实业家一下飞机马上就被记者包围了。记者们对实业家频频发动攻势,有位女记者问道:"请问,您带了多少钱来?"这个问题很直接,也很尖锐,实业家灵机一动回答说:"对女士,你不能问她的年龄;对于男士,你不能问他的钱财。小姐,你说对吗?"一句话,既回答了问题,又幽默感十足,使自己变被动为主动。

　　现代社会的种种机遇不少都是要靠你的口才来开拓的,生活的种种成功也要靠口才来促成。富兰克林曾经说过："说话和事业的进展有很大关系，如果你出言不慎，那么，你将不能得到别人的合作、别人的助力。""一人之辩，重于九鼎之宝；三寸之舌，强于百万之师。"人与人之间的相处，人与人之间的信息交流，首先是通过交谈开始的。离开了语言，整个世界都将变得黑暗，人与人之间的沟通也会因此失去桥梁。人生要想成功，就必须学会与人沟通，学会恰当运用语言。

7.目视、耳听、心思三者紧密结合

【原文】

口者，机关也，所以关闭情意也。耳目者，心之佐助也，所以窥间见奸邪。故曰：参调而应，利道而动。

【大意】

口，是言语发出之处，是用来宣布或闭锁情意的。耳朵和眼睛，是思维的辅助，可以察知发现奸诈邪恶。所以说：只要心、眼、耳三者协调呼应，事情就会朝着有利的方向发展。

鬼谷子认为，一个优秀的雄辩家，不是单逞"口舌之辩"，而是将其与目视、耳听、心思三者结合起来，力争做到有理有据，从而在处事和论辩中无往不胜。

春秋时候,郑国的执政子产以贤能著称。一天,他出门巡视,走到一家门前,听到妇人的哭声,就问怎么回事。仆从告诉他这家男主人刚死了。子产略加思索,就派人去捉拿那妇人审问,原来是她杀死了自己的丈夫。后来,他的仆人问道:"先生怎么知道她是杀夫者?"子产说:"她的哭声中隐含着恐惧。所有人对于自己的亲人,开始病的时候是爱护的,临要死的时候会感到恐惧,已经死了的话就会哀伤。现在她是哭已经死了的人,不是哀伤却是恐惧,所以我知道她是心怀鬼胎。"

鬼谷子说"耳目者,心之佐助也",其实是说要注意观察,积累经验,在此基础上进行分析和判断。但是,在某些特殊情况下,自己亲眼所见的事实也不一定可靠,还要依赖于对人和事的正确判断。

春秋时代,孔子带着弟子周游列国,走到陈国和蔡国之间的时候遭到了围困,七天没有吃到一粒粮食。子贡费尽千辛万苦,找到了一点米,把它放在甑里煮。粥快熟的时候,子贡看见颜回抓甑里的粥吃,就报告了孔子。过了一会儿,粥熟了,颜回请孔子先吃。孔子不动声色地站起来说:"刚才我梦见了祖先,要我把最干净的饭食送给他们。"颜回忙说:"刚才有灰尘掉进了甑里,把饭弄脏了,我觉得丢掉可惜,就用手把它抓起来吃了。吃过的粥再来祭祀先祖,是不恭敬的啊!"孔子听后感慨地说:"我对颜回的信任,是不用等到今天才来证实的。"

在日常生活中,不要轻易用自己的"亲眼所见"来妄下结论。孔子可谓大智者,但他如果仅凭经验断事也会弄错。

在细心观察的基础上进行分析,是澄清事实的必要步骤。林肯为一桩谋杀案件辩护的时候,就是这么做的。

林肯当律师时，他一个朋友的儿子小阿姆斯特朗被控谋财害命，已初步被判定有罪。林肯以辩护律师的身份到法院查阅了案卷。他发现，全案的关键在于原告有一位证人福尔逊，他发誓说他在10月18日的月光下目击了小阿姆斯特朗用枪击毙死者的经过。林肯做了仔细的分析后，要求复审此案。在复审中，有以下一段精彩的对话。

林肯："你发誓说看清了小阿姆斯特朗？"

福尔逊："是的。"

林肯："你在草堆后，小阿姆斯特朗在大树下，双方相距二三十米，你能认清吗？"

福尔逊："月光很亮，所以看得非常清楚。"

林肯："你不是根据衣着认出他来的吗？"

福尔逊："不是，我确实借着月光看清了他的脸。"

林肯："你肯定时间是在11点吗？"

福尔逊："肯定，因为我回屋看了钟，那时是11点15分。"

林肯问到这里，转过身来，发表了一席令人震惊的话："我不得不告诉大家，这个证人是一个彻头彻尾的骗子。他一口咬定10月18日晚上11点在月光下看清了被告的脸。请大家想一想，10月18日那天正好是上弦月，晚上11点月亮已经下山，月光从何而来？退一步说，或许他时间记得不是很精确，稍有提前，但那时，月光是从西照向东，草堆在东，大树在西，如果被告的脸面对草堆，脸上是不可能有月光的！"做伪证的福尔逊顿时傻了眼。法庭上一阵沉默之后，爆发出了一阵热烈的掌声和欢呼声。

细致的观察、透彻的分析加上如簧的巧舌，这是林肯成功的三大要素，也是我们要努力追求的境界。

第五章

观念一转天地新,条条大路通罗马

1.掌握随机应变的"艺术"

【原文】

世无常贵,事无常师,圣人常为无不为,所听无不听。

【大意】

世界上没有永远高贵的事物，做事情没有永远不变的
榜样。圣人常常是无所不做,无所不听。

环境、时势、事态、生活以及人本身,世间一切事物都是不断变化
的。所以,我们制订的计划、方针也必须随着情况的变化而变化。"见
机行事"的实质就是在客观条件不断变化的情况下,能够随着时间、
地点和机会的变化而灵活地做出不同的选择。

俗话说:"鸟靠翅膀兽靠腿,人靠智慧鱼靠尾。"机智是随着智慧而来的。荀子云:"举措应变而不穷。"能够随着时势、事态的变化发展而从容应对,是一个人立身处世不可缺少的本领。对个人而言,随机应变更是有着极其重要的意义,可以变被动为主动、化不利为有利,取得出奇制胜、化险为夷的效果。

解缙是明朝一位非常有名的才子。他任翰林学士时,明成祖朱棣钦点他主编《永乐大典》,解缙得以侍奉皇帝左右。但朱棣经常出一些难题考他。一次,朱棣说:"爱卿,寡人有位后妃夜里生了个孩子,你替朕做一首诗吧。"解缙立即吟道:"吾皇昨夜降金龙。"朱棣道:"是个公主,不是皇子。"解缙马上改吟:"化做嫦娥下九重。"朱棣道:"可惜已经死了。"解缙接口道:"料是人间留不住。"朱棣道:"已命太监抛入金水河里去了。"解缙续吟道:"翻身跳入水晶宫。"朱棣听了哈哈大笑道:"爱卿真是随机应变的奇才啊!"

随机应变中的"机"和"变"是多种多样、千姿百态的,无规律可循。"机"可以是天时、地利、人和;"变"是随"机"而变,可以是顺水推舟、草船借箭、迎难而上、寻找最佳时机,其运用之妙全在于心。随机应变是才智、胆略的快速反应和临场发挥。

常常有人抱怨,说自己想创一番事业,却没有合适的主攻方向,缺乏必要的资金力量,更幻想能得贵人襄助。其实,庞大的资源就在身边,那就是无数的"人"。只要善于把握,就能聚集人气,进而铸造人望,有了这样的臂助,何愁大事不成?

明代刘基曾经在《郁离子》中讲过"蜀市三贾"的故事。四川有三个商人:张甲、王乙、李丙,分别开了三间药铺。张甲的药铺专门经销名贵药材,价格昂贵,只有达官显贵、豪门富商之家买得起,所以张甲的药铺常常是"门前冷落车马稀",他也只能艰难度日,最后赔得血本无归。而王乙的铺子既经营贵重药材,也经销一般药材,价格适中,生意还算可以。李丙的药铺则随行就市,只要是平民百姓需要的药材,他都有,所以李丙的药铺生意十分兴隆。很快,李丙就成了一个富翁。三个商人,三种不同的经营方式,其结果相差甚远。

行为科学研究提示,工作中,人与人之间较好相处,或许是因为工作上的人际关系较有规律。而在社会上,人与人之间的关系是断断续续的,比较紧张,而且较少有规律可循,若没有随机应变的能力,很容易使自己陷入困境。

市场竞争是一场没有硝烟的战争,"商情"更是瞬息万变。面对诸如经营环境的突然恶化,经营环节的突然中断,谈判桌前刁钻的提问等突发的危机,意外的事故,我们必须学会随机应变,在极短的时间内想出应对之策。如果面对复杂多变的环境时能应付自如、游刃有余,就有可能化险为夷,甚至变坏事为好事,变被动为主动,获得走向成功的契机,达到最佳效果;反之,则有可能走向平庸,甚至失败。要想成功,就要有面对不同的人和环境,克服困难,适应新环境等见机行事、机智应变的能力。面对具有挑战性的环境,最好的方法就是随机应变、机智应对。在商战中,随着市场行情的变化而采取灵活多变的运作方式,是经营者取得成功的一个保证。

举世闻名的希腊船王奥纳西斯,在20世纪20年代曾经经营烟草生意。正当他的事业处于发展期之际,1929年的经济危机像无情的风暴,把他和许多人的一切吞噬一空。在许多人相信世界末日已为期不远时,奥纳西斯却看到了危机后的复苏。他断定:谁要是趁今天的机会买进便宜货,到明天就能以几倍的高价把它们抛出去。但是,他购买的不是其他公司的股票,也不是破产企业的不动产,更不是许多人抢购的黄金,而是被人们看做最不景气的航海业的工具——轮船。第二次世界大战的爆发终于赐给了他神奇的机会,他的6艘船一夜之间变成了"浮动金矿",载着他驶向成功的彼岸。

随机应变是一门艺术,虽然奥妙无穷,但也并不像九霄云烟,令人可望而不可及。超凡脱俗的洞察判断能力是经过长期的生活和工作锤炼而成的。随机应变的能力对身处在领导阶层的企业管理者或商人来说,尤其重要。鬼谷子讲:"凡趋合倍反,计有适合。化转环属,各有形势。反覆相求,因事为制。"当面对突发事件,意想不到的提问,别人布置的陷阱,令人难堪的境地,出乎意料的情况……谁具有敏锐的反应能力,谁就有可能获得巨大的成功。

2.抓住机遇,远离优柔寡断

【原文】

粤若稽古,圣人之在天地间也,为众生之先。观阴阳之开阖以名命物,知存亡之门户;筹策万类之终始,达人心之理;见变化之朕焉,而守司其门户。故圣人之在天下也,自古及今,其道一也。

【大意】

纵观上古历史,可以看出,圣人生存在世界上,就要以先知先觉的能力指导芸芸众生。通过观察阴阳、分合等自然现象的变化，对世间万事万物的变化进行辨别，并进一步了解和掌握事物的本质属性，从而推算和预测事物的发展过程，及时通晓人们内心变化的规律，以便及时发现事物发展变化的征兆，从而把握事物发展变化的关键，以求因势利导。所以，圣人生存在天地之间，从古至今，其立身处世之道是统一在阴阳变化之中，遵循的规律都是一样的。

有人觉得疑惑，自己付出的努力与那些成功人士相比，应该差不多甚至犹有过之，为什么至今未能成功？答案很可能就是一个词——机会。善于把握机会，是成功人士必备的素质之一，这就是鬼谷子所说的"因事物之会"。

战国末期，秦将李信率20万大军攻打楚国。开始时，秦军连克数城，锐不可挡，但这份好运没有一直延续下去，不久，李信中了楚将项燕的伏兵之计，狼狈而逃，秦军损失数万。后来，秦王又起用老将王翦。王翦率领60万大军，陈兵于楚国边境。王翦专心修筑城池，摆出一派坚壁固守的姿态，两军相持年余。一年后，楚军绷紧的弦早已松懈，将士已无斗志，他们认为秦军的确只是想防守自保，于是决定东撤。王翦见时机已到，立即下令追击正在撤退的楚军。秦军将士人人如猛虎下山，杀得楚军溃不成军。于是秦军一鼓作气，乘胜追击，最终于公元前223年灭掉了楚国。

王翦之胜，就在于抓住了最佳的进攻时机，一战而胜。而李信之败，主要归因于他不识战况，一味进攻，结果导致功亏一篑，使诸多努力付诸东流。

沧海横流，方显英雄本色，但要看准时机，伺机而动，在适当的时候出击才能大有作为。时机不成熟，就需要休养生息，耐心等待，但可做一些小事，以积聚力量。一旦时机到来，就一定要牢牢把握，付诸行动，争取用最小的代价换取最大的胜利。

现在，社会上最受欢迎的是那些有巨大创造力并有非凡经营能力的人。唯有那些有主张、有独创性，肯研究问题，善于经营管理的人才是人类的希望，也正是这种人，充当了人类的开路先锋，促进了人类的进步。

有时事情明明已经详细计划好了，也考虑周全了，已经确定了，但很多人仍然前怕狼后怕虎，不敢行动，左右思量，不能决断。最后，脑子里的念头越来越多，对自己也越来越没有信心，最终精力耗散，陷入完全失败的境地。

一个渴望成功的青年人，一定要有坚决的意志，不可染上优柔寡断、迟疑不决的恶习。在工作之前，必须确定自己已经打定主意，即使遇到困难与阻力，即使出现一些错误，也不要有怀疑的念头。我们处理事情时，事前应该仔细地分析思考，对事情本身和环境给出一个正确的判断，然后再做出决定；而一旦决定了，就不能再对事情和决定有任何怀疑和顾虑，也不要管别人说三道四，只要全力以赴去做就可以了。做事的过程中难免会出现一些错误，但不能因此心灰意冷，应该把困难当教训，把挫折当经验，要自信以后会顺利些，这样成功的希望才会更大。

某地发生水灾，村民们纷纷逃生。一位上帝的虔诚信徒爬上了屋顶，等待上帝的拯救。

不久，大水漫过屋顶，这时刚好有一只木舟经过，身上的人要带他逃生,这位信徒却信心十足地说:"不用啦,上帝会救我的!"见他如此,木舟只好离开。木舟离开没多久,河水便没过了他的膝盖。

这时,一艘汽艇经过,来拯救尚未逃生者。这位信徒却说:"不必啦,上帝一定会救我的。"汽艇只好到别的地方救其他人。

几分钟后,洪水高涨,已到了信徒的肩膀。这个时候,有架直升机放下软梯来救他,他却死也不肯上飞机,说:"别担心我啦,上帝会救我的!"直升机只好离去。

最后,水继续高涨,这位信徒溺亡在了洪水中。

死后,他升上天堂,遇见了上帝。他大骂:"平日我诚心祈祷,您却见死不救,算我瞎了眼啦。"

上帝听后说:"你还要我怎样?我已经给你派去了两条船和一架直升机!"

如果没有决断的能力,你的一生就会像深海中的一叶孤舟,永远漂流在狂风暴雨的汪洋大海里,无法到达成功的目的地。

造船厂里有一种力量强大的机器,能把一切废铜烂铁毫不费力地压成坚固的钢板。善于做事的人便如同这部机器,他们做事异常敏捷,只要他们决心去做,任何复杂困难的问题到了他们手里都会迎刃而解。

一个人如果目标明确、胸有成竹,就绝不会轻易把自己的计划拿来与人反复商议,除非他遇到了在见识、能力等各方面都高过自己的人。在决策之前,他会仔细考察,然后制订计划,采取行动。这就像在前线作战的将军必须首先仔细研究地形、战略,而后才能拟定作战方案,并开始进攻一样。

一个头脑清晰、判断力强的人,一定有自己坚定的主张。他们不会永远处于徘徊当中,更不会一遇挫折便赌气退回,使自己的事业前功尽弃。只要做出决定，他们就一定会一往无前地去执行。

英国的基钦纳将军就是一个很好的典型。这位沉默寡言、态度严肃的军人威猛如狮、出师必捷，他一旦制订好计划，确定了作战方案，就绝不会再三心二意地去与人讨论、向人咨询。在著名的南非之战中，基钦纳将军率领他的驻军出发时，除了他和他的参谋长外，谁也不知道要开赴哪里。他只下令要预备一辆火车、一队卫士及一批士兵。此外，基钦纳不动声色，甚至没有电报通知沿线各地。战争开始后，有一天早晨六点钟，他突然出现在卡波城的一家旅馆里，他打开旅馆的旅客名单，发现了几个本该值夜班的军官的名字。他走进那些违反军纪的军官的房间，一言不发地递给他们一张纸条，上面是他的命令："今天上午十点，专车赴前线；下午四点，乘船返回伦敦。"基钦纳不管军官们的解释和辩白，更不听他们的求饶，只用这样一张小纸条，就给所有的军官下了一个警告，杀一儆百。

基钦纳将军有无比坚定的意志且异常镇静，做任何事都能冷静而有计划地去做，如此，自然事事马到成功。

机会只敲一次门，成功者应该善于当机立断，抓住每次机会，充分施展才能。切记要正视自己的不足，纠正优柔寡断的短板，抛弃迟疑不决、左右思量的不良习惯，只有这样，你才能得到命运的垂青，最终获得成功。

不能做决定的人，固然没有做错事的机会，但也失去了获得成功的机遇。很多时候，机会成本远远超过错误成本，所以宁可做错，不可不做。

3.积极变革才能生存

【原文】

天下分错,上无明主,公侯无道德,则小人谗贼,贤人不用,圣人鼠匿,贪利诈伪者作,君臣相惑,土崩瓦解而相伐射,父子离散,乖乱反目,是谓"萌牙巇罅"。圣人见萌牙巇罅,则抵之以法。世可以治,则抵而塞之;不可治,则抵而得之;或抵如此,或抵如彼;或抵反之,或抵覆之。

【大意】

天下分崩离析,上没有圣明的君主,公侯丧失道德,那么进谗言干坏事的小人就会出现,贤良的人得不到任用,圣人隐藏起来,贪图利益和弄虚作假的人兴风作浪,君主和臣子之间出现猜疑,以致国家纲纪土崩瓦解,民众之间互相攻击射杀,父子关系离散,甚至反目为仇,这就是国家大乱的征兆。当圣人看见国家出现裂痕之后,就会采取"抵巇"之术堵塞裂隙。圣人认为:当世道可以治理的时候,可以用抵巇方法堵塞缝隙;当不可以治理的时候,则可用抵巇的方法获得它;或者堵塞缝隙,或者得到天下,或者恢复天下,或者重新塑造天下。

鬼谷子是主张积极变革的。他认为,当出现了"天下分错,上无明主,公侯无道德"的现象时,就表明社会出现了问题,需要一场变革来加以整顿。而古代的圣人所进行的变革,都能达到安定社会、造福万民的目的。

革旧迎新是历史发展的必然趋势，这是个人的愿望改变不了的。

变革旧的事物，绝不是什么轻而易举的事情，需要经过一段很长的时间，才能逐渐被人们理解、接受。

古代圣王的变革都是顺天应人、大公至正的，没有什么阴谋可疑之事，就像是老虎身上的斑纹一样昭然可见，天下人看得清清楚楚，无不信从。东汉的马融说："虎变威德，折冲万里，望风而信。"可见"德"是多么重要，任何人在推行变革之时，若能够做到德行天下、革道显明，天下人自然会云集响应，这样的变革前景必定是美好的。

变革是一个循序渐进的过程，它不能一蹴而就，更不是靠一股热情就能奏效的，它需要分步骤、分阶段地进行。变革是非常严肃的事情，需要热情，更需要冷静；需要勇气，更需要智谋。必须要经过反复多次的研究探讨，进行审慎周密的考虑安排，证明变革确实合理可行，没有什么问题。同时，还要能够得到人们的理解与信任，只有到了这个时候，才可以大刀阔斧地进行变革。

如果在不该变革的时候冒然变革，就有点激进和冒险，最后的结果很可能会适得其反。变革失败有时还会造成其他影响，比如此次变革的失败有可能阻碍日后其他变革的实行。另一方面，若到了该变革的时候还不变革，就会错失良机，贻误大事。

变革成功之后，一定要小心翼翼地维护变革的成果。历朝历代在经济与政治改革获得一定的成功之后，都一再强调要稳定，稳定压倒一切，这样的目的只有一个：就是维护变革后的成果。天下之事，变革之前，主要的问题是变革；变革成功之后，主要的问题就不在于变革而在于守成了。如果此时不安守既有成果，又思变革，势必会过犹不及，造成凶险的局面。

法国大革命时期,雅各宾派的恐怖政策作为一种"战时体制",可以说是在法国内忧外患空前严重的情况下被迫采取的措施,它暂时牺牲资产阶级的某些利益,满足了群众的某些要求,在挽救共和国和拯救革命方面起到了积极作用。但是,当危机过后,雅各宾派仍然采用这种政策,而不去巩固已有成果,这不仅使大资产阶级开始反对他们,也招来了人民对恐怖政策的不满。于是,雅各宾派逐渐陷入孤立的境地,在各种因素的综合下,最终,罗伯斯庇尔及雅各宾派的许多成员都被送上了断头台。

汉武帝时,著名的经学大师董仲舒在朝廷担任博士,受到了汉武帝的重用。当时,汉武帝请学者们对治国之道提出建议。董仲舒借机发表了一番很有名的言论,他说:"汉朝继秦而立,秦朝的旧制度都不适用了。好比琴上的弦已经陈旧不堪,只有更换新的弦,才能继续弹奏。同样,社会也需要改革。琴弦该换而不换,就是最好的音乐家也弹不出优美的曲子来。应当改革而不改,就是最贤明的政治家,也不能创造令人满意的政绩。"汉武帝对他的这番见解表示赞同,这才有了所谓的"罢黜百家,独尊儒术"。

世界旅馆业巨头威尔逊为了把自己的旅馆建成第一流的旅馆,第一次在房间里使用了空调、电视,还为孩子们设计了游泳池,增加了照顾孩子的服务项目,甚至设计了提供给旅客的小狗居住的免费狗屋。所有这些,在当时都是闻所未闻的。别人的旅馆冷冷清清,而他的旅馆却总是挤得满满当当。

威尔逊旅馆的成功之处,在于他突破了当时一般的经营策略,勇敢地采用最新、最先进的设备,有针对性地设计项目,拥有别人无法企及的特点和优势。反之,若一味固守老传统、老经验,就会掐断财富的萌芽。"当此之时,能抵为右",这可以看做是鬼谷子对现代人的忠告。

在这个竞争日益激烈的时代,唯有积极变革的企业才能生存,才能在市场竞争中站稳脚跟,走出新的道路,迈上财富的康庄大道。

4.变不利为有利,变被动为主动

【原文】

计谋不两忠,必有反忤。反于此,忤于彼;忤于此,反于彼。

【大意】

计谋不可能同时合乎两方的意愿,必然会违背某一方的。合乎这一方的意愿,就要违背另一方的;违背另一方的,才可能合乎这一方的。

事情总是有正有反,有利有弊,有直有曲。聪明的人往往善于变不利为有利,变被动为主动,从而化险为夷,转危为安。

鬼谷子认为,事物的发展变化是循环往复、周而复始的,在不同的发展阶段又有各自不同的特点与现实背景。人们立身处世,应该用变化的、发展的、全面的眼光,反复探求并掌握事物的连续性和独立性。也就是说,要在矛盾普遍性原理的指导下,具体地分析矛盾的特殊性,做到具体问题具体分析,这才是正确解决矛盾的关键。

春秋战国时期,楚庄王即位三年,没有颁布过一条政令,只是"饱食终日,无所用心",群臣对此忧心忡忡。

一次,大夫申无畏请求拜见。楚庄王坐在那里不以为然地问:"大夫求见,有何贵干? 是想要饮美酒、听音乐,还是有话要和寡人说? "

申无畏拐弯抹角地回答:"我既不是来饮美酒的,也不是来听音乐的。我是有事特来请教大王的。"

楚庄王急忙问:"是何事? 快说与寡人听听。"

申无畏说:"楚国某地高岗上,栖着一只身披五彩缤纷羽毛的大鸟,已历时三年,不飞不鸣,不知是何缘故? "

楚庄王笑道:"这不是一般的鸟。三年不动,是为了养丰羽翼;不飞不鸣,是为了观察民情。这只鸟不飞则已,一飞冲天;不鸣则已,一鸣惊人。你拭目以待吧! "

三年后,楚庄王称霸,是为春秋五霸之一。

楚庄王的思维与行为方式与常人不同,与常理不同,却有自己的特点,趋合于客观实际:当羽翼丰满,民情考察好了之后,才开始有所作为。

马克思主义哲学告诉我们,矛盾存在于一切事物中,并且贯穿于事物发展过程的始终,即矛盾无处不在、无时不有,这就是矛盾的普遍性。同时,矛盾双方又有其特殊性。矛盾特殊性的表现之一是指事物矛盾的双方各有其特点。矛盾的普遍性与特殊性是辩证统一的,矛盾双方在一定条件下可以互相转化。所以,"背反"可以转变为"趋合","趋合"也可以转化为"背反"。

班婕妤是汉成帝的后妃，她的父亲班况曾在汉武帝后期驰骋疆场，立下了不少汗马功劳。在赵飞燕入宫前，汉成帝对班婕妤最为宠爱。

赵氏姐妹入宫后，飞扬跋扈，许皇后十分痛恨，无可奈何之余，想出了一条下策：在孤灯寒食的寝宫中设置神坛，晨昏诵经礼拜，祈求皇帝多福多寿，诅咒赵氏姐妹灾祸临门。

事情败露以后，赵氏姐妹故意在成帝面前搬弄是非，诬陷许皇后不仅咒骂自己，还咒骂皇帝。汉成帝一怒之下，把许皇后软禁于昭台宫。赵氏姐妹还想利用这一机会对她们的主要情敌班婕妤加以打击。

糊涂的汉成帝色令智昏，居然听从赵氏姐妹的挑唆审问班婕妤，并欲治其死罪。大难将至，班婕妤从容不迫地说："我听说死活有命运注定，能否富贵在于天意。行善尚且不能得到幸福，作恶还想指望什么？如果鬼神有知，就不会接受奸邪坏人的胡说；如果鬼神无知，向他诉说又有何益呢？所以，我不愿做祷告诅咒之事。"

汉成帝觉得她说得有理，又念及以前的恩爱之情，更是顿生怜惜之心，当下便决定不予追究，并且厚加赏赐，以弥补心中的愧疚。

"死生有命，富贵在天"是"合此"，"修正""为邪"是"忤彼"；"若鬼神有知"是"合此"，"就不会听信谗言"是"忤彼"；"要是鬼神无知"是"合此"，"那么向鬼神诉说就是徒劳"是"忤彼"。聪明的班婕妤在面临险境时，镇定地用忤合术的智慧说服汉成帝，使自己转危为安，实为运用忤合术的典范。

这就启示我们，在面对不利环境时，要充分发挥自己的主观能动性和创造性，相信依靠自己的能力和努力可以变不利为有利，化险为夷，转危为安。

正心修身，养性育德

上篇《鬼谷子》的谋略

5.处变不惊,理智决策

【原文】

凡决物,必托于疑者。善其用福,恶其有患;善至于诱也,终无惑偏。有利焉。去其利,则不受也。奇之所托。若有利于善者,隐托于恶,则不受矣,致疏远。故其有使失利者,有使离害者,此事之失。

【大意】

大凡求谋士判断事物性质的,必然是有疑难问题托你解决的人。一般说来,人们都希望遇上好事,而不希望有灾祸降临。即使灾祸临头了,也不至于被引诱而陷入迷惑。做决断时,如果只对一方有利,那么,没有利的一方就不会接受,这是运用奇策时必须事先搞清楚的。如果我们觉得有人做出决策时,表面上做善事而实际上在作恶,我们不但不能接受他,还要疏远他。因此,如果容忍那些人损害他人的利益,容忍他们制造灾害,那就是在决断事情上的失误。

在重大关头,要做出正确决断是一件很困难的事情。越是重大关头,越应该沉着、镇定,控制好自身的情绪,以免让事情陷入更为复杂的境地。

东汉光武帝时,大司马吴汉奉命讨伐割据一方的公孙述,结果一战下来吴汉大败,被敌军围困,而援兵迟迟未到。一些部将要求率主力杀出重围,在这危急关头,吴汉丝毫不乱阵脚,召集各部将,要他们稳住军心。之后,吴汉关门闭户3天,坚持不再出战,同时以酒肉款待将士,喂足战马,以逸待劳。此外,他还令人在寨中增设战旗,大放烟火以迷惑敌人,后乘敌军大意之时,于夜间率精兵杀出重围,成功与援兵会合。

沉着冷静、处变不惊让吴汉在险境中保存了再战的实力,最终反败为胜。在生活中的危急时刻,如果我们也能做到如此,何愁不能渡过"难关"呢?

在面临重大选择的关口,任何人都不可避免地会出现焦虑或紧张等情绪,关键就要看你是否能够自我调节、自我克制。淝水之战时,谢安和客人下棋时神闲气定,其心中未必不忐忑或激动,这一点在客人告辞后他的反应中便可看出:当时的谢安抑制不住心头的喜悦,舞跃入室,把木屐底上的屐齿都碰断了。所以,面对危急时善于自我调节,有助于我们最终走出困境。

汉景帝即位后,鉴于藩王势力太大,决定采纳晁错的削藩良策,削夺藩王们的封地。吴王刘濞是刘邦的侄子,一直都有谋朝篡位的野心。景帝听从晁错的建议,决定先削夺吴王的会稽和豫章两郡。刘濞不愿束手就擒,联合各地诸侯王,打着"诛晁错,清君侧"的旗号,揭开了"七国之乱"的序幕。叛军声势浩大,很快就占领了大片土地。这时,平日和晁错有怨的大臣趁机劝说景帝杀掉晁错,以保国家安全,平息叛乱。景帝此时也乱了方寸,他竟听信谗言,将晁错腰斩于长安东市。同时,景帝下诏书招降吴王刘濞,刘濞笑道:"我现在已经是东方的皇帝了,谁还有资格对我下诏书?"此时,景帝才对错杀晁错悔恨不已,赶忙调派周亚夫等将领率兵平定叛乱。周亚夫采用截断叛军的粮道然后坚守不出的战略,最终击溃了叛军,仅用3个月便彻底平定了叛乱。

汉景帝是缔造了"文景之治"盛世局面的一代明君。他在位期间平定"七国之乱",在历史上写下了光辉的一笔。但他错杀晁错一事,属于决断失误,是一个永远抹不掉的污点。

东晋时期,大将军王敦叛乱,后来战败,不久就病死了。王敦的哥哥王含和儿子王应也参与了谋反,王敦死后,王应想去投奔江州刺史王彬,王含不同意,他认为应该去投奔荆州刺史王舒。王含说:"王彬平时总和大将军发生争执,你还想去投奔他!"王应说:"这才是应该去的原因。父亲强盛的时候,王彬能够坚持己见,他才是真正的大丈夫。看到别人面临困境,他一定会表示同情。而王舒没有什么肚量,恐怕不会收留我们。"王含坚持要去投奔王舒,王应只好随他前往荆州。结果,王舒果然把他们抓住,并丢到了江里。而王彬听说王应他们会来,已秘密准备好船只等候他们,最后没有接到人,王彬感到非常遗憾。

在性命攸关的时刻,王应能做出如此准确的分析,确实十分难得,可惜最后他被王含连累,不幸死于非命。

在重要关头,决断者一定要胆大心细,有的放矢,这样才能做出正确的决断。

在现代经济领域形势日益复杂,竞争日趋激烈的情况下,指望不冒半点风险就能摘取丰硕的成果是不可能的。决策者不能惧怕和回避风险决策,这是毫无疑义的。但话说回来,风险决策毕竟有失败的可能,所以不能胡乱拍板。

那么,到底该如何掌握什么样的险该冒、什么时候的险不该冒呢?

其实不难,只要你牢牢掌握住决策的以下五个要素:

(1)要确实了解问题的性质,如果问题是经常性的,那就只能通过一项建立规则或原则的决策来解决。

(2)要确实找出解决问题时必须满足的界限,换言之,应找出问题的"边界条件"。

(3)仔细思考解决问题的正确方案是什么,以及这些方案必须满足哪些条件,然后再考虑必要的妥协、适应及让步事项,以期该决策能被接受。

(4)决策方案要同时兼顾执行措施,让决策变成可以被贯彻的行动。

(5)在执行过程中重视反馈,以印证决策的正确性及有效性。

有些时候,无情的客观现实会逼迫决策者冒险。诸葛亮在万般无奈下摆下了"空城计",正如他所说:"吾兵只有二千五百,若弃城而走,必不能远遁,得不为司马懿所擒乎?"所以,作为决策者,不能惧怕和回避风险决策,这就要求我们看准情况,该决策时绝不犹豫。

6.环环相扣的"连环计"

【原文】

其不可善者,或先征之,而后重累;或先重累,而后毁之;或以重累为毁;或以毁为重累。

【大意】

对于那些以钩钳之术仍没法控制的对手,或者首先对他们威胁利诱,然后再对他们进行反复试探;或者首先对他们进行反复试探,然后再对他们展攻击加以催毁。有人认为,反复试探就等于是对对方进行破坏,有人认为对对方的破坏就等于是反复的试探。

"连环计",顾名思义,是一种多步骤或多环节的计谋。少则两步骤或两环节,多则无定数,步步相接,环环相扣,如同长链环环相连。

在《三国演义》描写的赤壁之战中用的火烧连环船之计是由多人联合而成的一条计策。首先是庞统假意向曹操献计,将船用铁链连接在一起,以组成适合不懂水性的北方人的连环船阵,然后由周瑜和黄盖演一场苦肉计,最后就得到了火烧连环船的结果。

连环计还要有一个非常好的引子,把对手引入到圈套中来,想出也出不去,这种引子一般都是针对人的某些弱点而设,比如好色、贪财、嫉妒、热衷名利等。

《三国演义》中,王允杀董卓之计首先用了美人计,以貂蝉作饵,引起了董卓和吕布对貂蝉的爱慕之心,然后,貂蝉又用离间计挑拨二人内讧,最后除掉董卓。王允正是利用了董卓、吕布的好色之心,为国除了害。

"连环计"关键在于使敌"自累",让敌人背上包袱,互相牵制,即俗话说的"一根绳上拴两只蚂蚱,谁也跑不了",运用连环套的作用为我方集中兵力、各个击破创造有利条件。将帅若能巧妙地运用此计谋,克敌制胜就会像有天神相助一般。

连环计必须要有非常周密的策划,因为是一环扣一环,所以任何一环出现失误,都会导致整个计划的失败。

在委内瑞拉的石油和航运业中，有一位知名度甚高的企业家，名叫拉菲尔·杜德拉。原先他只不过是一个普通的小商贩，但经过约20年时间，他成为了一个拥有10亿美元以上资产的大富豪。

20世纪60年代中期，当时还是小商贩的杜德拉偶然在报刊上获悉阿根廷打算从国际市场上采购价值2000万美元的丁烷气。这条信息引起了杜德拉的注意。杜德拉采取侧面进攻战术，先对阿根廷市场作了深入的调查研究，结果发现那里的牛肉过剩，于是，他向阿根廷政府承诺说："如果你们向我购买2000万美元的丁烷气，我便向你们订购2000万美元的牛肉。"阿根廷政府觉得杜德拉的条件能解自己的燃眉之急，于是当即决定把采购丁烷气的投标机会给他。

杜德拉在四处调查和推销工作时，发现西班牙有一家制造能力很强的大船厂，该厂由于缺少订单，致使工厂一直处于半停产状态。杜德拉认为这信息又是一个很好的机遇，于是，他前往该国向政府有关部门表示："假如你们向我买2000万美元的牛肉，我便向你们的船厂订制一艘价值2000万美元的超级油轮。"这一条件对于西班牙政府来说是求之不得的，因为西班牙平时也要进口牛肉，所以他们毫不犹豫地答应了杜德拉的条件。

杜德拉在向西班牙推销牛肉的同时，也找到了美国的太阳石油公司，他对这家公司的老板说："如果你们肯出2000万美元租用我的超级油轮，我就向你们购买价值2000万美元的丁烷气。"太阳公司的决策者想，反正自己也要租用油轮，现在他能买自己的产品，这条件是有利的，所以欣然接受了杜德拉的提议。

就这样，这宗步步连环、一环扣一环的买卖最后做成了。杜德拉所做成的生意不是2000万美元，而是6000万美元。他在这宗巨额交易中，不但分文资本没出，还从中获得了数百万美元的利润。

杜德拉这种经营手法灵活而又严谨,达到了"一石三鸟"的效果。杜德拉正是利用这环环相扣、周密、有序的连环计,创造出了自己事业上的辉煌。

生活中,多一些计谋不是为了算计别人,而是为了让我们在人生的舞台上能够更加游刃有余、应对自如。"连环计"应用极为广泛,无论是在战场上、商场上,还是在竞技场上,面对激烈的竞争、生与死的较量,以及人生的方方面面,都不失为取胜的高招。这种连环计在精心设置和连续执行时,将使你的竞争对手失去平衡,使你成为很少有人敢叫板的参与者。

7."反激得情"的激将法

【原文】

用之于人,则量智能、权财力、料气势,为之枢机,以迎之、随之,以箝和之,以意宣之,此飞箝之缀也。

【大意】

如果把"飞钳"之术用于他人,就要揣摩对方的智慧和能,度量对方的实力,估计对方的势气,然后以此为突破口与对方周旋,进而邹以"飞钳"术达成议和,以友善的态度建立邦交。这就是"飞钳"的妙用。

苏洵在《谏论》中说:"说之术可为谏法者五:理谕之、势禁之、利诱之、激怒之、隐讽之之谓也。"而其中所述的"激怒之"即为"反激得情"术,他举例说:韩惠王本欲投靠秦国,苏秦权衡利弊,并以"宁为鸡口,无为中后"一语激怒之,于是韩惠王攘臂嗔目,按剑叹息,决意不依附秦国,而同意合纵。

《三国演义》中,诸葛亮企图用激将法引诱魏将司马懿从坚守的城池中出来应战,而司马懿却凭耐性抑制住了自己,使足智多谋的诸葛亮败北。

"反激得情"术在运用过程中,要针对对方自尊心强、性情暴躁等特点,故意挑逗、引诱、刺激对方,诱迫对方失去平静的心理,流露出真实的感情,以达到刺探对方真实意图的目的。

春秋时,楚成王不顾大臣们的反对,立商臣为太子。但之后不久,他便后悔了,打算废黜商臣的太子之位,而改立小儿子公子职为太子。

商臣听到这个消息后,心里自然是又气又怕,但他又存着一丝侥幸,于是跑去向他的老师潘崇请教怎样才能证实这件事。潘崇给他出了个主意,说:"你可以设酒宴招待大王的妹妹江芈,但在酒席上,你要故意表现出对她不尊重的样子,这样,你就能知道大王是否准备废你了。"

商臣按照老师的计策,在宴席上对国君的妹妹出言不逊,十分不礼貌。果不出所料,江芈大怒,大骂商臣道:"你这个贱东西好没礼貌!难怪大王要废了你,重立太子。"

商臣得知真相后,连忙与老师一起商量了应急的措施,先下手为强,马上发动了宫廷政变,并逼迫楚成王自杀。政变成功后,商臣成了新的楚国国君,为楚穆王。

楚汉战争的第三年(公元前204年),汉将卢绾帮助彭越攻下了梁地十余座城。项羽听到这一消息后,便告诫据守在成皋一带的楚将曹咎、司马欣:"二位要小心防守,就是汉军挑战,也不要轻易同他们战斗。"果然,刘邦依谋士郦食其之计,引军渡河向曹咎、司马欣挑战。刚开始,两位楚将还能遵照项羽的告诫,坚守不出。但最后,他们终于经不起汉军的连日辱骂,一怒之下,率军出击。当楚军正在渡汜水时,汉军突然袭击,大破楚军,曹咎、司马欣均自刎于汜水之上。

如果有一个工作计划需要双方共同完成,你不知对方想采取什么工作态度,也可以通过这种刺激的手段,让对方怒气冲冲地表明自己的态度。不过,要特别注意的是:让对方生气是为了激出对方的真实意图,以此确定我方的说服对策,因此,激怒对方之后,一定要有办法来缓和彼此僵硬的气氛,否则只会弄巧成拙,增加说服的困难。这是游说者不能不慎重考虑的。

俗话说:"请将不如激将。"此言的确不差。因此,当你有某事需要他人帮忙时,千万不可用"你不想做"这样责备的口吻来强迫他,而应以"你是因为能力差,不会做"这样的激将口吻来刺激他。因为前者并不能刺激对方的自尊心,而后者却往往能击中他的要害。对方为了维护自己的自尊心,常常会不由自主地奋然激起,达到你的游说目的。

第六章

遇难当忍耐，居安要思危

1.居安思危，未雨绸缪

【原文】

天之机缄不测，抑而伸，伸而抑，皆是播弄英雄，颠倒豪杰处。君子只是逆来顺受，居安思危，天亦无所用其伎俩矣。

【大意】

上天的奥秘变幻莫测，对人的命运的支配很难预料，有时先让人陷入困境，然后再进入顺境，有时又让人先得意而后失意。不论是处于何种境地，都是上天有意在捉弄那些自命不凡的所谓英雄豪杰。因此，一个真正的君子，如果能够坚韧地度过外来的困厄和挫折，平安之时不忘危难，那么，就连上天也没有办法对他施加任何伎俩了。

人生在世，每个人都会遇到失意之时。只有当不如意时能够适应环境，遇到磨难时能够懂得忍耐，在平安无事时会想到危机无处不在的人，才能够应对命运的捉弄。

在世界500强中长期站住脚的企业，对危机普遍有着一种深刻的认识。即使是在企业发展很顺利的时候，他们也依然保持着一定的危机意识。

在德国奔驰公司董事长埃沙德·路透的办公室里挂着一幅巨大的恐龙照片，照片下面写着这样一句警语："在地球上消失了的，不会适应变化的庞然大物比比皆是。"

英特尔公司原总裁兼首席执行官安德鲁·葛洛夫有句名言，叫"惧者生存"。这位世界信息产业巨子将其在位时取得的辉煌业绩归结于"惧者生存"四个字，足见安德鲁的忧患意识。

通用电气公司前任董事长兼首席执行官韦尔奇说："我们的公司是个了不起的组织，但是，如果在未来不能适应时代的变化，就将走向死亡。如果你想知道什么时候能达到最佳模式，回答是永远不会。"也正是因为洞察到了变革的必要，韦尔奇提出了企业也要居安思危的观点。

百事可乐公司的负责人韦瑟鲁普在公司业绩蒸蒸日上的时候，提出了"末日管理"理论。他经常以大量令人信服的信息让员工体会到危机真的会来临，"末日"似乎并不遥远，以此激发员工不断积极向上的斗志，并要求公司的年经济增长率必须保持在15%以上。后来，百事可乐快速追赶并超过可口可乐的业绩充分说明了"末日理论"的实用性。

比尔·盖茨同样是个危机感很强的人。当微软利润超过20%的时候，他强调利润可能会下降；当利润达到22%时，他还是说会下降；到了今天的水平，他仍然说会下降。他认为这种危机意识是微软发展的原动力。微软著名的口号"不论你的产品多棒，你距离失败永远只有18个月"，正是这种危机意识的体现。

石家庄一家饮品公司在几年前开业庆典的时候，居然挂了一条横幅，上面书写"今日开业，何时倒闭？开业大愁"的警语，让人看了之后危机意识大增。在开业以后的经营管理中，他们公司以高质量的产品和完善的售后服务不断扩大自己的顾客群，名声大振，生意一直做得不错。

2004年4月22日，华为公司承建文莱NGN网络的一个研讨会在文莱最豪华的酒店举行。文莱商用网络是当时全球最大的NGN网络之一，此次研讨会也是华为承建的文莱NGN下一代网络的开通仪式。举杯庆祝时，华为总裁任正非说："我们今年可能活不成了。"当时华为公司在国际上的业务份额是：NGN市场份额13%，为全球第二。而任正非却在这时候说了这么一句话，足见他的危机意识。

张瑞敏也曾说过："我每天的心情都是如履薄冰，如临深渊。"他的这种意识会催促员工对外界环境变化保持清醒的头脑。20年来，海尔经历了多次经济环境、市场格局的剧变，但每一次，它都用行动证明了自己是禁得起考验的。

就像IBM的总裁路易斯·郭士纳先生所说的那样："长期的成功只是在我们时时心怀恐惧时才可能。不要骄傲地回首让我们取得过往成功的战略，而要明察什么将导致我们未来的没落。这样，我们才能集中精力于未来的挑战，让我们保持虚心、学习的饥饿及足够的灵活。"

在一个晴朗的天气里，一只野狼蹲在一块大石头上，用力地磨着牙齿。一只狐狸走过来对野狼说："这么好的天气，大家都在休息娱乐,而你却在忙碌着,你为何不停下来和大家一起玩乐呢?"

野狼没有说话,看了狐狸一眼后,继续磨牙。此时,它的牙齿已经磨得又尖又利了。狐狸见野狼没有说话,非常纳闷,于是又奇怪地对野狼说:"今天森林里非常安静,猎人早就回家了,不用担心他们回来,老虎也不在近处走动,没有任何危险,你何必那么用劲地磨牙呢?"

过了一会儿,野狼停止了磨牙,它回答说:"我磨牙并不是为了娱乐,也不是没事找事做,而是在提前为将来可能遇到的危险做准备。如果有一天我被猎人或老虎追逐,那时再磨牙就来不及了。所以,趁现在有时间,就把牙齿磨好,将来发生危险时就不会措手不及,可以保护自己。"

成功人士时刻都充满了危机感,因为他们知道,人生充满了变数,风险无处不在。各种风险因素是我们所不能完全控制的,这就意味着人生不可能总是平平安安、一帆风顺。一旦有一天某个因素发生了变化,就有可能遭遇危险乃至失败。古语云:"人无远虑,必有近忧。"如果你没有远虑,没有危机感,没有及早做好充分的准备,对于可能发生的事情缺少应对的策略,一旦生活出现危机,你就只能仓促应对,甚至变得惊惶失措,束手无策。

孟子说过:"生于忧患,死于安乐。"没有一点远虑的人最终会被眼前的安乐所葬送。在生活中如此,在商场上更是如此。一位商人这样说道:"在今天,你不只是与国内的同业者竞争,世界各地都有跃跃欲试的敌人,随时向你传来致命的一击,而且,你还得主动和自我竞赛。"

在每一个成功企业的背后,必定有一位充满忧患意识的领导者。在胜利的欢呼声里,他最关心的不是企业获得了多大的成功,而是殚精竭虑,思考企业离危机到底还有多远,以及面临危机时该怎么办。

只有永远保有忧患意识,企业才能追求永远的活力。

为了达到强化员工危机意识的目的,任正非甚至将这一点作为一项战略纳入企业的发展规划中。

在1998年出台的"华为基本法"中,有这样一条内容:"为了使华为成为世界一流的设备供应商,我们将永不进入信息服务业。通过无依赖的市场压力传递,使内部机制永远处于激活状态。"

这一点曾在讨论会上引起了激烈的争论,当时多数人的意见是,信息服务不仅可以促进企业有形产品的销售,而且它本身也具有很大的市场空间,甚至可以超过所谓传统的硬件设备收入。有人还举出了IBM这样国际领先的IT企业同时提供信息咨询服务的例子,来阐述华为没有必要限制自己潜在的发展机会。

任正非却以他过人的说服力和超乎常人的视野,最终说服了大多数人。

通过"华为基本法",任正非将危机意识融入到了华为的企业文化中,让员工无时无刻都能感受到一种山雨欲来的紧张气氛,引导员工不要只看着国内,而要向国际竞争对手看齐,从而达到遏制部分员工和管理人员因公司高速成长而滋生的盲目乐观情绪。

与此同时,华为还发动了一次震惊业界的群众运动——市场部领导集体辞职大会,让员工意识到自身在企业内面临的危机,并在具体管理手段上加强危机意识管理。

1995年,由于华为在CandC08交换机上的技术突破,其产品开始向市场大面积渗透。当年华为的年销售额达到了15亿元,进入了高速发展阶段。这个时候,公司管理水平低下的问题逐渐暴露出来,成为制约华为继续发展的瓶颈。

当时华为面临的也正是大多数中国企业经历过的：创业期涌现的一批个人英雄，他们的职位越升越高，工资也越升越高。但是越往上，公司所能提供的发展空间越小，于是一方面，一些元老逐渐丧失创业时的激情，人浮于事；而另一方面，这些创业元老们领导下的员工也有很大意见，工作积极性受到了很大影响。任正非认为，必须让大家全部"归零"，并通过竞聘上岗，有能力的继续上，没能力或跟不上形势需要的，转换岗位或下岗。这样做，既能体现出用人管理上的"公平"，又能给各岗位上的华为人敲响警钟。

1996年2月，由分管市场的华为副总裁带领26个办事处主任同时向公司递交了两份报告——一份辞职报告，一份述职报告。由公司视组织改革后的人力需要，决定接受哪一封。而任正非在会上称："我只会在一份报告上签字。"

华为整训工作会议历时整整一个月，接下来就是竞聘上岗答辩，公司根据个人实际表现、发展潜力及公司发展需要进行选拔，包括市场部代总裁毛生江在内的30%的干部被调整了下来。

这种野火般激烈的调整方式在后来虽颇受争议，但在当时确实达到了任正非想要的效果。

从某种意义上说，任正非有着"偏执狂"般的执著，他希望通过强大的防范力，将市场压力持续地传递下去，使华为内部机制永远处于激活状态，永远保持灵敏和活跃。他坚信，一个人或一个公司永远像野猫一样，处于被激活状态比什么都重要。唯有这样，华为才能活下去，才能在国际市场上迅速成长和成熟起来。

企业是否具有危机意识，关系着企业应对环境变化的行动力，亦维系着组织的成长与创新。一个组织越是满足于过去的成就，就越容易忽略竞争环境的变化，进而丧失危机意识。越缺乏危机意识的组织，其变革的意愿就越小,创新的动力就越不足,也就越可能在竞争的洪流中遭受挫败。

学会居安思危,能够使人们在人生道路上怡然自得,欢乐度过人生。面对人生中遭遇的困难和挫折,没有准备的人只会抱头痛哭,怨天尤人;有准备的人却可能会因祸得福,柳暗花明,走出一片新天地。如果说机遇只偏爱那些有准备的人,那么祸神就只光临那些没有准备的人。因此,我们必须做到居安思危、未雨绸缪,提高自己的预见能力,防患于未然,使自己始终掌握竞争的主动权。

2.即使顺境,也要保持低调

【原文】

老来疾病都是壮时招得;衰时罪孽都是盛时作得。故持盈履满,君子尤兢兢焉。

【大意】

年龄大的人,多数身体不佳,这都是因为年轻时没有好好爱护身体;失意的人还有罪孽缠身,这都是因为在事业兴旺时为所欲为而留下的祸根。因此,即使是生活在美满的环境中,君子也要兢兢业业地做事。

历史上伟大的人物大都具备虚怀若谷的态度,很少有骄傲自负、狂妄自大或目空一切的恶习。也唯有如此,他们才能不断地继续努

正心修身,养性育德

下篇《菜根谭》的修为

力，不停地探讨钻研、发掘创造，永远不以已有的成就自满。俗语说：满招损，谦受益。唯有谦逊卑下的态度才能使人变得更有成就。古今中外的伟大人物莫不如此。

17世纪最伟大的科学家牛顿曾经向世人表示，他并非一般人所称赞颂扬的科学奇才。他说："我常觉得自己不过是一个无知的小孩，在海滨上游玩，偶然发现一些发亮的贝壳，由于好奇心的作祟，加以观察一番而已。事实上，整个宇宙的奥秘，就像那浩瀚的海洋一样，是我们无能为力的。"

但历史上也不乏有一些人自身有一定的天分，却因为他们的狂妄、轻浮而一败涂地，遗憾终身。

西汉成帝时，著名大儒刘向受成帝的指派，率领儿子刘歆和一大批学者整理藏书。

刘向治学严谨，为人正直。他告诫儿子刘歆说："我们读书人有个毛病，一旦书读多了，便以为无所不知，浑身傲气，你一定要自律啊！"

刘歆聪明好学，深得父亲宠爱。他提出疑问说："父亲学问精深，人所敬仰，难道非要做出谦逊之态吗？和那些无知的俗人相比，父亲用不着自抑啊。"刘向一听大怒，斥责说："我哪里是什么惺惺作态？我是真的自觉无知啊！你这样狂妄，不知世情，将来是要吃大亏的！"

刘歆心中不服，对刘向的话很不以为然。他对别人说："我父亲太迂腐了，这只怪他事事不张扬。如果换作他人，就会有更高的官职，这不是太可惜了吗？"

刘歆写成了一部目录学著作《七略》，在别人的恭贺声中，刘向提醒儿子说："你写得很好，但我并不想夸赞你。很多人就是在他人的赞颂声中毁灭的，因为这助长了其傲气。大地如此之大，我们所学所知的实在太少。如果你知道这一点，时刻牢记在心，做事才不敢张狂啊。"

整理图书时,一批战国以前的典籍被翻了出来。刘向对此并不推崇,而刘歆却主张向天下人推行这些典籍。为此,父子二人发生了争论。刘向说服儿子道:"古时典籍固有些道理,但它并不能揭示万物的规律。世事千变万化,一切贵在创新,何必拘泥于古呢?"

刘歆辩论说:"是好是坏,相信人们一看便知,我敢断定,我的意见终会有人赏识。"

后来,汉平帝继位,王莽掌握了朝廷大权。王莽为了篡权的需要,召来刘歆,假作诚恳地说:"先生聪明过人,从前主张推行古籍,这实是远见之举啊。我的心意和先生相同,先生的大志可伸了。"

刘歆感激涕零,马上投到了王莽的阵营。有人提醒他说:"如果事关个人前途、国家命运,那么一切就必须慎重。王莽要重用你,福祸未知,你不能太草率了。"

对此,刘歆却自信满满地说:"我一向不甘为人下,今日终有出头之日,可见苍天佑我。以我的智慧,只要王莽纳谏,天下的局面定会焕然一新。"

刘歆自恃己能,频频向王莽进言,建议全面复古。他信誓旦旦地说:"在我看来,世事的变化已被古人全然掌握,现在只要大胆实行便是。治理天下虽不是易事,但只要多读一些古书,便能了然于胸,化难为易。我看古籍所述完全可行,称得上尽善尽美了。"

刘歆的朋友为他担心,说:"凡事说得容易,但做起来就难了,你不该轻下断言。老实说,你做学问可以,对治国之术就生疏了。纸上谈兵害国害己,怎敢涉足呢?"

听到这番话,刘歆暴跳如雷,大骂朋友是个愚人。朋友说:"我宁肯做一个愚人,至少不会招惹祸患。你把自己看得无所不能,将来一定会后悔的。"

王莽依刘歆所议全面改制,结果遭到了惨败,激起了各地的民变。

正心修身,养性育德 ——下篇《菜根谭》的修为刘歆害怕王莽追究，又自作聪明地想要发动宫廷政变，除掉王莽。很快，消息泄漏了出去，刘歆绝望之下，无奈自杀。

西方一位哲学家曾经说过发人深省的一段话："一个人如果骄矜，即使是身为天使也会沦为魔鬼；如果是谦卑，虽是凡人也会成为圣贤。"

人和自然社会相比，始终是渺小的。在具有无穷奥妙的宇宙面前，人应该保持一种谦卑的态度。实际上，一个知识广博的人，他所知的也很有限，这就决定了人不能自恃聪明，傲视一切。有些人总是处处显露精明、玩弄手段，他们自以为这是聪明人的表现，也能得到更多的实惠，这是一个致命的错误，真正的聪明人勇于承认自己的无知。

3.逆境是上天的恩惠

【原文】

欲做精金美玉的人品，定从烈火中煅来；思立掀天揭地的事功，须向薄冰上履过。

【大意】

若想具备精金美玉一般美好的人品，就一定要如同烈火炼钢般经历艰苦磨练；要想建立惊天动地那样大的功业，必须得像踩过薄冰那样，格外地小心谨慎。

自然状态的铁矿石几乎毫无用处，但是，如果把它放入熔炉铸造，然后进一步提纯，再进行锤炼和高温锻冶，放入一个流筒模型之中，它就可以制成优良的器具。正是这种烈火焚烧、反复锤炼的过程，赋予了铁矿石以实用的价值。

观察那些幸福人士，谁没有过苦难的日子？谁没有经历过千难万险？苦难、挫折和打击的确是人生的不幸，可是，无数杰出的人物都是从苦难中走出来的，正是苦难成就了他们。

贝弗里奇说："人们最好的工作往往是在处于逆境的情况下做出的。思想上的压力，甚至肉体上的痛苦都可能成为精神上的兴奋剂。"人们可以把逆境当成动力，激励自己顽强地奋起，去争取幸福。

世界级的小提琴大师尼科罗·帕格尼尼，幼年时就充分显露出了他的音乐才能，不论什么曲子，他都能立刻轻松地演奏出来。不过虽然是个音乐奇才，帕格尼尼却从小就病魔缠身，一生中几度死里逃生。

帕格尼尼几乎是在病痛中成长起来的：4岁时，他得了一场麻疹；7岁那年，他差点死于猩红热；13岁时又罹患肺炎，必须大量放血治疗；40岁时，因为牙床突然发脓，他几乎拔掉了所有的牙齿；接着，牙床才刚康复，他的眼睛又感染了可怕的传染疾病；50岁之后，关节炎、肠道炎、喉癌等疾病不断向他袭来；后来，他的声带也坏了，成了哑巴，只能靠儿子按他的口形作翻译来与人沟通。这些可怕的灾难恶狠狠地吞噬着他的生命。

面对这些病痛，帕格尼尼从小就习惯把自己囚禁起来。他从3岁开始便经常躲在房里练琴，而且一练就是12个小时。

12岁时，他举办了首场个人音乐会，一举成名，轰动了音乐界。此后，他的琴声遍及欧洲各个角落，作品和演奏技巧几乎慑服了欧洲所有的艺术家,歌德和李斯特都曾对他的琴音大加赞叹:"在他的琴弦上,不知道充满了多少灵魂。"

生活,有时绚丽得让人觉得美不胜收,有时却又残酷得令人感到不寒而栗。在漫长的人生旅途中,有顺境,也有逆境。人们要想获得事业的成功、生活的幸福,不可避免地要经历这样一个过程。

对于很多人而言,处于顺境是幸运的,陷于逆境是不幸的,但许多奇迹却恰恰就是在不幸中被创造出来。幸运所生的德性是节制,厄运所生的德性是坚忍,从理论上来讲,后者是一种更伟大的德性。

逆境能磨砺人的意志,激励人们克服困难,顽强进取。温室里的花朵经不起风雨的袭击,饱受风浪考验的海鸥却能够搏击海空。处在顺境中的人也许会虚度一生,处在逆境中的人却能够顽强奋进,取得辉煌的成就,获得更大的幸福。

曹雪芹在创作《红楼梦》时,恰好经历了自己"赫赫扬扬"达百年之久的家族由盛及衰的过程。由"锦衣纨绔"降为落魄的"寒士",过着"蓬牖茅椽,绳床瓦灶"和"举家食粥酒常赊"的贫困生活,这让曹雪芹深感世态炎凉,也对封建社会有了更清醒、更深刻的认识。因此,他决定把这些深刻而痛苦的回忆写进自己的书里。

然而,在封建社会里,读书人的唯一"正路"是读经书、考科举,写小说被认为是不务正业的行为。再加上当时又是清朝文字狱盛行的时期,上层统治者和文人学士习惯于从小说中捕风捉影,猜度其中"影射"何人何事。若在写作中稍有不慎,就会触怒统治阶级,轻则充军流放,重则满门抄斩,甚至株连九族。

在漫长的创作过程中,某些章节不断流出,其内容引起了族人的不满,也遭到了封建官僚和封建卫道者的猛烈攻击。除了二三好友支持他外,世人都认为曹雪芹是"傻子""疯子",统治者甚至用拆毁他的房屋,令他几度搬迁来阻止他写作。面临这样的逆境,曹雪芹没有消沉退却,而是把逆境当成动力,"披阅二载,增删五次",把全部心血都倾注在了写作上。

在逆境中,矛盾更集中,成败的抉择更为迫在眉睫,生死的较量,善恶的较量,伟大与渺小的较量也更为迫切。逆境犹如悲剧的高潮,它最能考量出一个人的意志和品质,也最能激发出一个人的潜能。我们应该将困境看成是一种恩赐,一种推动自己获得成功的机遇,这样,我们才能积极面对它、战胜它,从而走出困境,走向成功。

4.意志力是奋斗的血液

【原文】

士人有百折不回之真心,才有万变不穷之妙用。

【大意】

读书人要有百般挫折不回头的真诚心念,才能学到万般变化无穷尽的奇妙智慧。

你所认可的成功,可能是耗尽你一生的事情。即使某一天,你成为了自己想象中的那个人,仍然会有另一个成功在召唤着你。这样说来,对于一个积极的人来说,成功的道路确实漫漫无涯。这其中的风风雨雨、酸甜苦辣只有自己了解,谁都替代不了你的角色,你需要一个坚强的自我!

一个人是否具有意志力,表现为他是否能够坚持不懈地去做一件事。其实,每个人的一生面临的机遇都是差不多的,最终,究竟谁能取得成功,关键还要看谁的意志力更强,能坚持到最后。

一个人,立下志向要成就一番事业,若能花精力刻意磨练自己的意志力,他的人生就会出现转机,突破自己,进入更高的境界,让心灵也提升到一定的高度,从而把潜藏于体内的智慧、能力、天赋统统释放出来。

明朝儒学大师陈献章,自幼聪慧过人,读书过目不忘,但参加两次科举考试都落榜了。27岁时,他拜当时名重一时的大儒吴与弼先生为师。

陈献章虽然很有才气,但不够勤奋,早晨常常贪睡不起。

吴与弼先生治学严谨,对学生要求相当严格,每当陈献章贪睡,他就会在门外大叫:"读书人,你现在如此懒惰,什么时候才能学到前辈大师的精髓,将他们的思想发扬光大呢?"

将陈献章从舒服的床上叫起来后,吴与弼并不急于给他讲授各种学问,而是通过各种杂事来磨练他,比如锄地、簸谷、割禾、种菜、编扎篱笆等,自己写字的时候就让他研墨,或者客人来时令他接待沏茶。这样过了几个月,吴与弼就让陈献章回去了。

刚开始时,陈献章对这种独特的教学法感到很失望,觉得在老师那里,除了学会干一些农活杂事之外,什么也没学到。回乡之后,他静静地思索在老师那里求学的经历,想起了这样一件事。一天,他和老师在田里割禾,老师不小心被镰刀割伤了手指,十指连心,自然非常疼痛,老师却说:"人怎么能够被外物所胜呢?"竟然面不变色、若无其事地继续割禾。

　　陈献章终于恍然大悟，体会到了吴与弼先生的良苦用心，原来老师这是在身体力行，用自己的实际行动来教育学生要有过于常人的人格和意志，不要匍伏在任何外物之下。自己平时自恃聪明过人，不愿痛下苦功，这不正是自己最大的弱点吗？而老师早已洞察了自己的这个毛病，对症下药，从各种小事入手来提升自己的意志力。

　　从此之后，陈献章真正地开始勤奋治学，他闭门读书，足不出户一年有余，精益求精地钻研古今典籍，有时钻研一个问题到了关键时刻，彻夜不寝，实在困倦了则用凉水浸泡双足，以刺激自己清醒过来。他还自筑阳春台，整日静坐其中，潜心学习思考。他用功到如此地步，以致家人只能从墙壁挖一个洞把食物递进去。

　　陈献章以过人的意志力，一心修身治学，就这样坚持数年，终于有所悟，成为了明代著名的哲学家、思想家、教育家、诗人及书法家，桃李满天下，更开启了明朝一代的心学新风。

　　后人评价说："先生(陈献章)之学，激励奋发之功多得之康斋(吴与弼)。"陈献章尽管聪明多才，智商高，记忆力好，但聪明的人往往容易去找捷径，不肯下苦功去做学问。如果没有吴与弼先生用各种农活杂役来磨练他的意志，使他从此痛改前非、发愤努力，他能否成就那么大的学问还是个未知数。

　　在这种坚持不懈的探索中，陈献章通过亲身实践，终于悟到了掌握自己意志的奥秘。他说："古之善学者，常令此心在无物处，便运用得转耳。"这就是说，在修身治学、磨练意志的过程中，最关键的一点是要善于把真我置于虚无处。

　　想要克服成功路上遇到的每一个障碍，离不开意志力；想要坚定地执行每一个艰难的决定，所依靠的依然是内心的力量。培养坚强的

正心修身，养性育德 下篇《菜根谭》的修为

意志,是你自救最有效的办法。意志力不是生来就有的,也不是不可能改变的特性,它是一种能够培养和发展的技能,是成功者必备的特质之一。

贝多芬在被世人认可之前,曾拜在交响乐之父海登的门下学习。和大多数学生不同的是,贝多芬并未被老师头顶的光环所威慑,反而总想进行一些突破性的尝试,改变古老的、墨守成规的创作乐风,让音乐解脱束缚。由于彼此固执己见,贝多芬和海登经常争吵不休,而率直的贝多芬觉得并未在老师那里学到更有用的技巧和方法,于是他就在独立创作的《第二交响乐》上只写上自己的名字,但由于贝多芬当时正师从海登,按照常规,他创作的曲谱也要写上海登的名字。这让海登十分恼怒,于是辞退了这个胆大妄为的学生。

然而,就像贝多芬所说:"一匹奔腾的骏马绝不会让苍蝇叮了几口后就裹足不前!"面对众人的批评,尽管充满了痛苦和困惑,贝多芬还是坚定地选择了搏击和对抗,让新音乐的风格蓬勃发展。

再次出发后,贝多芬不断进行音乐革新,然而他招致的攻击也越来越多。但他没有花费时间去争辩和苦恼,而是跳过这些苛刻的指责,充分挖掘自己的潜力,谱写出更多、更优美的乐章,赢得了世界的尊敬与热爱。

意志力是你奋斗的血液,没有坚强的意志,你会觉得瘫软无力、萎靡不振。所以,从今天起,磨练自己的意志吧,认清每次挫折对你成功的意义,不仅要扫清这些障碍,更要真正地利用它们。拥有坚强的意志,就像为你的心加上了翅膀,使你在旭日的彩霞中熠熠生辉,翱翔在成功的征途上。

5.让能力在磨练中快速成长

【原文】

磨砺当如百炼之金，急就者非邃养；施为宜似千钧之弩，轻发者无宏功。

【大意】

磨练身心要像炼钢一样反复陶冶，迫切渴望成功的人不会有高深的修养；行事要像拉开千钧的大弓般，找准时机后再发射，随便发射不会收到好的功效。

人们遇到困难和阻碍时，常常埋怨命运的不公，害怕经历磨难，无法面对障碍，而忽略了磨难对于人生的意义。

王阳明出生于一个官宦之家，自幼天资聪颖，家人对他寄予了很大的希望，但他的人生之路却充满了坎坷，两次参加会试都落第了。难得的是，面对挫折，王阳明表现得十分坦然，当有人为两次落榜而感到羞耻时，他却淡淡地说："世人以落第为耻，我却以落第动心为耻。"这是因为他的心中有更大的理想——成为圣贤。世上还有更多、更重要的事要去做，眼前的这点挫折算得了什么呢？

1505年，已入京为官的王阳明遭遇了他人生中前所未有的一次磨难。当时，身为兵部主事的王阳明因上疏言事，得罪了权臣刘瑾，结果被逮捕入狱，遭到了严刑拷讯。纵然是在暗无天日的狱中，王阳明立志成圣的信念也丝毫没有消减，他静下心来研究学问，还与一同被捕入狱的难友相与讲诵为乐:"累累囹圄间,讲诵未能辍。桎梏敢忘罪?至道良足悦。"能在这种情况下静下心来做学问,以后还有什么困难可以难住他呢?

在黑暗的诏狱中关了一个月后,王阳明被判廷杖40,革去兵部主事的职务,贬到边远地区任杂职。

终于出狱了,但等待王阳明的并不是自由和幸福,而是更为艰苦的人生考验,他将要到环境十分恶劣的贵州龙场去当驿丞。

龙场在贵州西北方的深山之中,穷山恶水,人迹罕至,住的都是些言语不通的少数民族居民,偶尔遇上几个能听得懂汉语的人,却又都是从中原逃来此处的亡命之徒。其生存环境之恶劣,可想而知。

但还有更艰苦的环境在等着他。王阳明到了龙场后发现,这里居然连住的房子都没有,一切都要靠自己动手。没办法,顾不上旅途劳累,王阳明强打精神,与随从一起把一座茅草房盖了起来。尽管盖的茅草房十分简陋、矮小,但王阳明对此很乐观,还赋诗云:"草庵不及肩,旅倦体方适。"他的心中已不以环境的艰难险阻为念,正如他在来的路途中所写的诗那样:"险夷原不滞胸中,何异浮云过太空!"

其实,所谓的困难只存在于人的想象中,当一个人心中有更高的理想和信念时,眼前的困难就会显得十分渺小。

当然,在龙场所遇到的困难远不止言语不通和住茅草房这样的事。由于水土不服,加上当地瘴疠之气弥漫,除王阳明外,跟随他来到龙场的随从们都病倒了,连个做饭的人都没有。王阳明只得亲自砍柴取水煮粥做饭,又怕随从们心情抑郁,还给他们咏唱诗歌。在这种常人难以想象的艰难处境中,他却想到了一个问题:"要是圣人处在这种环境下,他们会有怎样的想法和做法呢?"他以圣人为标准,来激励自己不断前进。

在王阳明看来,艰难的处境并不是使人堕落的心理,而是一个磨砺自己，使心灵得到成长的机会。因此，他不管处于如何艰难的环境，都始终保持着一份难得的豁达心态，始终以圣贤的标准来要求自己，心中不着一物，潇潇洒洒。正是由于他在极其困难的处境下也不忘努力向上探索，最后终于彻悟心学格物致知的道理，达到了超凡入圣的境界。

其实，在王阳明的一生中，那些看似命运对他的嘲弄，又何尝不是成就他的机遇呢？正所谓"自古英雄出磨难"，一个人的心灵只有经过重重磨难的考验，才能得到成长。只要你能始终保持一份良好的心态，从积极的角度去看待一切困难，持之以恒地去努力，所遇到的磨难就会成为你享用终生的心灵之源。

面对种种磨难，只有坦然面对，去体验磨难所带来的痛苦与折磨，而不是退让或者逃避，希求他人赐予的改变，才能渐渐地培养耐心与意志，进而使自己的心智发生质的变化。

痛苦是能够触及内心深处的强烈的情绪，只有真正体验过痛苦的人才能洞察到它的实质，掌握到它的全貌，理解到它的原因所在，进而做到担负起痛苦并抛下痛苦对内心的影响，自主地掌控内心。

"知君已得舟意，随处风波只宴然。"当内心已经磨练得褪尽浮躁，无论遇到怎样的风波，你都能安然自得地面对。

我们可以将这样的智慧用以升华自己的心境。历经世俗的人心就像积满污垢，掩埋在尘土里的斑驳的宝石。要想使其恢复光彩、清澈照人，就要慢慢地擦拭与打磨。如果不将磨砺作为修炼内心的必修课，宝石的光彩将永埋于尘埃中。而经得住打磨的内心，往往将磨砺视为通往光明的大道，不为之所困扰，越经磨练，越发光芒四射，最后终成大器。有了这样的心境，生活中的那些大大小小的困难与阻碍也便有了解决之道，或许还会带来令人惊喜的收获。

6.得意时千万不可忘形

【原文】

苦心中常得悦心之趣,得意时便生失意之悲。

【大意】

在艰难困苦中能坚定信念不断地奋斗,常常可以感受到内心无穷的喜悦,只有这种喜悦才是人生的真正乐趣;如果在得意时言行过分狂妄,往往会因此埋下祸患的种子,导致日后的痛苦、悲伤。

春风得意,是人人向往的人生境界。但是,得意时千万不可忘形,如果被一时的得意冲昏了头脑,就会固步自封、停滞不前;如果因一时的得意而自以为是、目中无人,那么,你离失败也就不远了。

20世纪80年代初,罗田安靠倒卖牛仔裤发了大财。1992年,他在台湾和大陆一口气开了十几家公司,涉及服装、餐饮、学校、建筑等七八个行业。那时,罗田安的资产迅速飙升到几个亿。

于是,三十几岁的他开着凯迪拉克到处游览,有很多的助理、秘书、朋友围着他转,每天都一掷千金。此时的罗田安张狂骄横、不可一世。

可是,由于投资过于分散,1997年亚洲金融风暴来临后,罗田安的资金链断裂了,他在一夜之间破了产,几乎一无所有。这时的罗田安灰心绝望、痛苦至极,经常把自己关在小屋里反省。1999年,贫困潦倒的他孤身一人来到上海，准备重新打理所有投资中仅存的"克莉丝汀蛋糕店"。

第二天早上6点，罗田安来到公司，主动脱掉西装，换上工作服，一改往日的趾高气扬，诚恳地和工人说话，带领生产部的同事清洗厕所，和店员一起招揽生意，亲自去推销产品。罗田安暗暗告诫自己：一定要对众人平等相待，以德服人。

一年后，克莉丝汀扭亏为盈，知名度一天比一天高。不久，罗田安用赚来的钱先后扩建和收购了6个生产基地，总生产基地扩大到了10000平方米。他的企业一跃成为《福布斯》提名表扬的知名企业，不少500强企业希望和他成为战略合作伙伴。

后来，在接受媒体采访时，罗田安深有感触地说："自己最后悔的事，就是当年最风光的时候张狂骄傲、不可一世，以致迷失了方向。"他的人生虽然曾经有过遗憾，但他坚定信念后不断地奋斗，又再塑了人生辉煌。

人在顺境时最易忘乎所以、失去警惕，一忘形种种恶念和恶行就会趁隙而入，这样往往会栽跟头。所以，做人贵在以超然之心看待自己的得与失，要做到得意时不忘形，失意时不失态。

稻盛和夫经商四十多年，成就非凡，一手创造了两家世界500强企业。他退休后皈依佛门，一心提升心智。他认为："人生就是不断提升心智的过程。有了这样的超脱和追求，才使人拥有了俯瞰人生的视野。"他深有感触地说："并非只有失败才是考验，成功同样也是一种考验。有的人成功后，总觉得自己很了不起，态度变得傲慢无礼，这就表示其人性堕落了；但也有人成功了，能领悟到单凭自己无法取得这样的成就，因而更加努力，也因此进一步提升了自己。无论成功或失

正心修身，养性育德

下篇《菜根谭》的修为

败,真正的胜利者都能坦然对待,以此磨练心智。"

在生活中,把得意之事看淡点,保持一颗平常心,就能坦然地面对失意,当厄运突然来临时,就能有勇气去战胜它。将失意之事看开,淡然处之,不卑不亢地面对新的人生,一切从头开始,或许会有更好的结局。得而不喜,失而不悲,这是一种境界。不卑不亢的人,无论何时何地,都能得到别人的尊重和内心的坦然。

7.聪明人懂得时时反省自己

【原文】

无事便思有闲杂念想否,有事便思有粗浮意气否,得意便思有骄矜辞色否,失意便思有怨望情怀否。时时检点,到得从多入少、从有入无处,才是学问的真消息。

【大意】

无所事事时就想想有没有闲散混杂的念头想法,有事忙碌时就想想有没有粗率浮躁的意气用事,春风得意时就想想有没有骄傲自负的言辞神色,失意落魄时就想想有没有怨恼忿恨的心情感怀。常常检讨查点,使不良的心态从多到少、从有到无,才算是真正了解了学问的真谛。

现代人多了一份自信心,却少了一种"自省"的精神。他们喜欢得到他人的称赞夸奖,而很少去自我反省。

所谓"反省",就是反过身来省察自己,检讨自己的言行,看自己犯了哪些错误,看有没有需要改进的地方。

人为什么要自省?那是因为任何人都不可能十全十美,每个人都会有个性上的缺陷、智慧上的不足,而年轻人更缺乏社会历练,这就需要我们通过反省来了解自己的所作所为。

世界著名的潜能开发专家安东尼·罗宾说过:"假如你每月给自己一次检讨的机会,你一年就有12次修正错误的机会;假如你每天检讨一次,你一年就有365次检讨的机会;假如你每天早晚各检讨一次,你一年就有七百多次修正的机会。各位,你的成功几率多了700%以上。"人生最大的敌人是自己,只有时时检讨自己、弥补缺点、纠正过错,才能了解何事可为,何事不可为,才能在这其中找到生活的真谛。

曾子曰"吾日三省吾身",如果你觉得一天三省没有时间,那么一天一次或两天一次也可以,反正要记得反省。

那你每天应该反省些什么呢?

(1)人际关系。自己今天有没有做过什么对自己人际关系不利的事?今天与人争论,是否也有自己不对的地方?自己是否说过不得体的话?某人对你不友善是否还有别的原因?

(2)做事的方法。今天的处事是否得当?怎样做才会更好?

(3)生命的进程。自己今天做了些什么事?有无进步?是否在浪费时间?目标完成了多少?

如果你坚持从这三个方面反省自己,就一定可以纠正自己的行为,把握行动的方向,并保证自己不断进步。

那些"伟人"级的政治家、军事家,他们都有反省的习惯,因为只有反省才不会迷失方向,才不会做错事。如果可能的话,我们应把"反省"当成每日的功课来做。

反省无时无地不可为，也不必拘泥于任何形式。不过，人在事物繁杂的时候很难反省，因为情绪会影响反省的效果。你可在深夜独处的时候反省，也就是在心境平静的时候反省——湖面平静才能映现出你的倒影，心境平静才能映现出你今天所做的一切。

至于反省的方法，则因人而异，有人写日记，有人则静坐冥想，只在脑海里把过去的事放映出来检视一遍。不管你采用什么样的方式，只要真正有效就行。自省不能流于形式，每日看似反省，但找不出自己的问题，甚至对错不分，那就很值得注意了。

自省并不是一个简单安逸的过程，就像我们用自己的手切掉身上的毒瘤一般痛苦。虽然痛苦，却是根除病毒的唯一方法。知道和认识自己的短处并不难，难的是敢于面对和纠正。懂得自省，是大智；敢于自省，则是大勇。一个人只要行事光明磊落，做人心胸开阔，也就不怕自省带来的痛苦了。王阳明的"致良知"之说"明心见性"也是这个道理，一切都存在于心中，只要有心自我反省，就是"致良知"。

孔子说："君子之过也，如日月之食焉。过也，人皆见之；更也，人皆仰之。"意思是说，君子犯的错误，就像日食和月食。日食之后的太阳愈加灿烂，月食之后的月亮更加皎洁，而君子在改正错误后也会更加受人敬仰。

你有反省的习惯吗？趁早培养吧，它能修正你做人处事的方法，给你指引明确的方向。

8.卧倒不是跌倒,忍耐方显能耐

【原文】

藏巧于拙,用晦而明,寓清于浊,以屈为伸,真涉世之一壶,藏身之三窟也。

【大意】

用笨拙掩饰聪明,用低调掩饰锋芒,宁可随和也不能自命清高,宁可退一步也不急功近利,这便是为人处世的最佳法则之一,也是明哲保身的"狡兔三窟"之策略。

一个人锋芒太露,很容易招致他人的敌视和嫉恨,并最终为自己带来祸患。孔子谆谆告诫要"温、良、恭、俭、让",其中也有深藏不露的意思。《周易》说"君子藏器于身,待时而动",无此器难,但若有此器却不思待时,那么,锋芒于人而言便也只有害处,不会有益处。为人处事低调一些,没有什么祸患能主动找到身上来;如果处事太过张扬,就可能引火烧身。

明朝有个叫沈万三的商人,此人号称"天下首富",为人处事高调招摇。当初朱元璋起事的时候,他赞助了大笔钱财。由于人们搞不清此人是如何做到富可敌国的,便传说他手中有一个聚宝盆,可以源源不断地生聚财富。据说,明帝国首都南京城的城墙、官府衙门、街道、桥梁等建筑,有一半都是沈万三捐资修建的。这使皇帝朱元璋的心里很不舒服,他心想:沈万三有如此多的财富,以后万一反叛,谁能制止得了？疑心一起便再也难以抑制，最终，朱元璋决定除掉沈万三。一次军队凯旋，沈万三为了讨好朱元璋，便自说自话地提出申请，说是愿意再捐一大笔钱，供天子犒赏军队。于是，朱元璋借题发挥说：一介平民，却要犒赏天子的部队，必是犯上的乱民，其罪当诛。随即，沈万三被发配充军云南，沈家九族也受到了牵连。

古语有云："木秀于林，风必摧之。"太过招摇不是什么好事。深藏不露的人，表面上看起来好像是个庸才，胸无大志，实际上，他们只是不肯在言语上和行动上露锋芒，以免招到别人的嫉恨。表现本领的机会，不怕没有，只怕把握不牢，只怕做的成绩不能使人特别满意。

世界多彩多姿，每个人的人生道路都不同，既有顺境，也有逆境，而且逆境往往多于顺境。因此，要想在这个变化无常的世界里生存下去，就必须学会而且要善于"忍"。

忍可以促使一个人的身心成熟，以便大展宏图。许真君曾说："忍难忍事，顺自强。"昔日韩信受"胯下之辱"的时候，表现出了巨大的忍耐力，尔后才拜将封王；司马迁受宫刑后，以超乎常人的忍耐力压制住不幸的苦痛，终于完成了旷世之作《史记》。老子曰："大直若屈，大巧若拙，大辩若讷。"因此，身处逆境之时，应通晓时事，沉着待机，这才是智者的做法。"伏久者飞必高，开先者谢独早。"只有长久潜伏下来，才能成就大事，才能一鸣惊人。如果迫不及待地感情用事，只能坠入万劫不复的深渊之中。懂得了这个道理，也就通晓了忍的功用。杜牧之《题乌江庙诗》对此可说很有见解："胜负兵家不所期，包羞忍辱是男儿。江东子弟多豪俊，卷土重来未可知。"

因此，大智者应知为何而忍，只要抱定这种信念，忍而后发，卷土重来未尝不可。

第七章

路窄时让人一步，味浓处留出三分

1.知进更要知退，会争更要会让

【原文】

路径窄处，留一步与人行；滋味浓的，减三分让人食。此是涉世一极乐法。

【大意】

在狭窄的小路上行走，要留一点余地让别人走；遇到美味可口的食物，要留出三分让给别人吃。这就是一个人立身处世最安全快乐的方法。

我们常说，"狭路相逢勇者胜"。其实，并不是所有的情况下都应该如此。绝壁小道上，两人交错而行，若是都不肯相让，最后的结果可能是双双坠落悬崖。在这种情况下，停住脚步，让他人过去，才能体现出你谦让的美德，同时也是最安全的做法。

自己有路走，也要设法给别人留一条路；自己在享受美酒佳肴时，也要想着给别人留一份。就像古人扫墓祭祖，一定要拿出一些酒菜送给周围的游魂野鬼吃，因为他们相信，如果不这样做，那供给祖先的酒菜就会被游魂野鬼抢光。这虽然是迷信，却也说明了这个道理。

一只狼发现了一个山洞，这个山洞是动物们去往树林的唯一通道。这只狼很高兴，觉得只要守住这个洞，自己便能衣食无忧。于是，它等在山洞的另一头，等着动物们来送死。

第一天，来了一只羊。狼拼命地追了过去，可这只羊发现了一个可以令他逃命的小洞，便从小洞中仓皇逃了出去。狼气急败坏地堵上了这个小洞。

第二天，来了一只兔子。结果，兔子在危急时刻发现了一个比昨天更小的洞，又从小洞中逃脱了。这次，狼把类似的小洞全堵上了。

第三天，洞口出现了一只松鼠。狼奋力追捕，但松鼠却还是找到了一个小洞，钻了出去。狼这次实在受不了了，它疯狂地封住所有的洞，并在上面糊上了厚厚的泥巴，连一只小鸟都跑不了。它心想，这下可算是万无一失了吧！

第四天，一只老虎从洞口蹿了出来，狼被吓得拔腿就跑，可所有的洞口都被它自己封死了，狼找不到任何出路，最终被老虎吃掉了。

这头贪心的饿狼，因为没有留下丝毫余地，所以也将自己置于死地，断送了自己逃生的希望。

一天，楚庄王在宫中设宴，邀请群臣共享盛宴。宫中烛光摇曳，歌舞升平，一派欢乐景象，臣子们开怀畅饮，仍感意犹未尽。楚庄王被这样的情境所感染，为了助兴，他让容貌出众的爱妃许姬为各位臣子敬酒，这下，席间变得更加热闹了。许姬绕着酒桌挨个向群臣敬酒，正在这时，一股大风向大厅猛烈吹来，蜡烛全部熄灭，整个大厅陷入了一片黑暗之中。这时，一个人突然拉住了许姬的玉臂。许姬非常机智，她默不作声，趁黑扯断了这个人的帽缨。很快，大厅中恢复了光明。许姬来到楚庄王身边，将此事告诉了他，希望他能严惩这个登徒子。楚庄王知道后，却并没有发怒，而是向群臣喊道："能够与群臣同乐，我非常高兴。今晚不必行君臣之礼，大家都把帽缨摘下来吧。"听到楚庄王的吩咐，群臣纷纷摘下帽缨。

后来，楚国伐郑，有一个人在战斗中表现得异常勇猛，五次冲锋打退敌人，还斩获了敌方将军的头颅，将其献给了楚庄王。楚庄王感到奇怪，问他："我对你并没有什么特殊的恩宠，你为何要这样报答我呢？"那人回答说："我就是早先在殿上被扯下帽缨的那个人啊。您的大度让我愧疚了很久，一直没有报效的机会，现在才有幸能做一个臣子理应做的事。"

楚庄王无疑是一个心胸宽广的人，也是一个智者。如果当时他心生怨恨，听从了妃子的意见，那么，那个失礼的将军大概会被处死，而其他公卿也会对他心生畏惧。可他却没有这么做，而是巧妙地避开了这个尴尬，饶恕了自己的部下，同时也让对方感受到了自己的大度，这才有了后面战时部下的以死相报。

2.对不喜欢自己的人也要尊重

【原文】

融得性情上偏私,便是一大学问;消得家庭内嫌隙,便是一大经纶。

【大意】

容得下不同性情的人,这是一门大学问;能消除家庭内部的嫌疑、猜忌、隔阂,更是消除纷扰的清静明智之举。

世上人有千百样,在人际交往中难免会遇到不喜欢自己的人,冲突亦是在所难免。这时,如果你能以温和的态度面对,就能有效化解对方的无礼,使自己立于不败之地。以无礼反击无礼,只会引起更激烈的人际冲突。与其仇视对方,不如努力锻炼自己的心理承受能力,坦然面对别人对我们的不喜欢。

有人说人生会遭遇到完全不同的"三种人"。第一种是能够"理解、欣赏和器重自己的人",第二种是"曲解、中伤甚至排斥自己的人",第三种是"与自己毫无关系、无关痛痒的人"。第一种人对自己有知遇之恩,应当尊为师友,滴水之恩当涌泉相报;第二种人可以智慧地远离,而不应烦恼和计较;第三种人要以礼相待,与之和平共处。但是,真正的智者,即便是面对不喜欢自己的人,依旧可以感化、善待对方。

孔子在卫国,一天正在敲磬。一位挑筐的隐士从门前经过,说:

"这个击磬的人有心思啊!"过了一会儿又说:"生硬硜硜,真是可鄙啊,没人了解自己,便只为自己就是了。"最后引用《诗经》的句子"深则厉,浅则揭",暗喻孔子不知深浅,不辨时务。

在诸多隐士对孔子的嘲笑、挖苦、轻蔑中,这位"荷蒉者"是相当苛刻的。其有意为之的"自言自语",被门人听到并汇报给了孔子。闻听常人以为难堪的贬斥,孔子面无愠色,从容如旧。他举重若轻,轻描淡写,对在旁的弟子只说了6个字:"果哉?末之难矣。"意思是说,若事情果真像诗句说的那样,问题倒简单了,日子也好过了。孔子话中有话:"道不同,不相为谋。"应答得极有技巧,令人回味无穷。

孔子言传身教,以雍容大度的态度告诉弟子们,如何对待贬低自己的非议和批评。不正颜厉色地驳难,不等于服从刻薄与无理。有大智慧者,必有大器量,反之亦然。我不赞同你的观点,但我尊重你的表达,陈寅恪先生"同情的理解",两千多年前的孔子早就做到了。

我们每天免不了要与形形色色的人打交道,在这些人中,难免会有不喜欢自己的人,如果你与他们个个都要较真,一天不知要得罪多少人、生多少气。能容得下不喜欢自己的人,并与之和睦相处,体现的不只是一个人的修养,更是一种气度和胸怀。

虽然人的本能趋势就是与喜欢、欣赏自己的人亲近,而远离那些不喜欢自己的人,但是,生活中没有那么多的随心所欲。由于各种各样的原因,我们经常要与不喜欢自己,甚至是与自己相敌对的人打交道,这时就需要用到一些技巧:用真诚的态度对待每一个人,包括不喜欢你的人。

被后世誉为"全世界最伟大的矿产工程师"的哈蒙从著名的耶鲁大学毕业后,又在德国弗来堡读了三年硕士。研究生毕业后的哈蒙向美国西部矿业主哈斯托求职时,脾气执拗、注重实践,不太信任专讲理论人员的哈斯托说:"我不喜欢你的理由就是因为你在弗来堡做过研究,我想你的脑子里一定装满了一大堆傻子一样的理论。因此,我不打算聘用你。"

这时,哈蒙没有怒气冲冲地为此事争执,反而假装胆怯地对哈斯托说道:"如果你不告诉我的父亲,我将告诉你一句实话。"当哈斯托表示守约后,哈蒙便说道:"其实在弗来堡时,我一点学问也没有学回来,我尽顾着实地工作,多挣点钱,多积累点实际经验了。"

听完哈蒙的回答,哈斯托连忙笑着说:"好!这很好!我就需要你这样的人。"

哈蒙了解了哈斯托的偏见后,并没有正面驳斥他的观点,反而尊重他的意见,维护他的"自尊心",并巧妙地消除了他的顾虑。

学会和不喜欢你的人相处,并不如想象中那么难,关键是要摒除自己的偏见。

只要我们试着摆正心态,主动一点,就一定能将可能形成的敌对局面变成一片和谐,具体需要做到以下几点:

(1)要增加接触的机会,多接触有助于改善你们的关系。

(2)要主动地活跃气氛,大家在一起的时候,多讲讲笑话,让大家一起乐一乐,虽然这样做可能不太容易。

(3)保持适当的距离,与不喜欢自己的人相处时尽量不要表现出排斥的意思,适当的距离可以避免不必要的树敌。

(4)在关系僵持或恶化的时候,一定要主动表示友好,不要碍于面子,觉得难为情。

(5)包容和忍让是最重要的。哪怕你善待对方,对方还是对你不好,你仍旧要继续保持友好的态度,毕竟连草木、动物都有感情,更何况是人呢？只要心存善念，不断地付出，对方一定会转变。

一个真正智慧的人，在对待不喜欢自己的人时，也会示以尊重，笑脸相迎，与之友好相处。所以，为了不因某人对自己毫无理由的"好恶"而到处树敌，我们应该试着去和不喜欢自己的人友好相处。这是气度，更是胸襟。

3.打人莫打脸，说话莫揭短

【原文】

不责人小过，不发人隐私，不念人旧恶，三者可以养德，亦可以远害。

【大意】

不责备别人的小错，不揭发别人的隐私，不惦念以前的嫌隙，做到这三点，不但可以培养自己的品德，也可以避免遭受意外的灾祸。

每个人都有缺陷、弱点，也许是生理上的，也许是隐藏在内心深处不堪回首的经历，这些是他们不愿提及的伤疤，是他们在社交场合极力隐藏和回避的问题。被击中痛处，对任何人来说，都不是一件令人愉快的事。无论是对什么人，只要你触及了这块伤疤，他都会采取一定的方法进行反击，从而获求一种心理上的平衡。

揭短，有时是故意的，那是互相敌视的双方用来攻击对方的武器。揭短,有时又是无意的,那是因为某种原因一不小心犯了对方的忌讳。但是总体来说,有心也好,无意也罢,在待人处世中揭人短都会伤害对方的自尊,轻则影响双方的感情,重则导致人际关系紧张。

张小姐是某机关办公室文员,她性格内向,不太爱说话。可每当就某件事情征求她的意见时,她说出来的话总是很"刺",而且她的话总是在揭别人的短。

有一回,自己部门的同事穿了件新衣服,别人都称赞"漂亮""合适",到了张小姐这里,她却说:"你身材太胖,不适合。"甚至还说:"这颜色真艳,只有街头早起锻炼的老太太才这样穿。"

这话一出口,便使得当事人很生气,也令周围大赞衣服如何如何好的人感到很尴尬。

虽然有时张小姐会为自己说出的话不招人喜欢而后悔,可她总是改不了这个毛病。久而久之,同事们就把她排除在了团体之外,很少就某件事去征求她的意见。

即便如此,一旦别人需要听听她的意见时,她还是管不住自己,又把别人最不爱听的话给说出来了。

现在公司里几乎没有人主动搭理她。

人们之所以讨厌别人揭自己的短处及隐私,说到底是自尊心问题,觉得脸面上过不去。所以,如果你想要收获友谊并将其一直维持下去,你就一定不能去触动他们的忌讳之处。有时,你随口谈一点什么事,也很可能被视为对他人的挖苦和讽刺。因此,我们不仅应避免谈论别人的忌讳,同时也应注意不要提及与其忌讳相关联的事物,以免造成对方的误会,使他人的自尊心受到无谓的伤害。那么,该怎样避讳呢?

要深入了解你所交往的对象,无论优缺点,都要做到心中有数,这样才能谨慎地避开对方的忌讳之处。若无法避开交谈对象的忌讳之物,可以以婉词相代,尽量不使人过于难堪。例如,小李因择偶屡屡受挫而灰心丧气,而你有意为他牵线搭桥。"假如您对个人问题还没有考虑成熟,我愿意提供一位较合适的人选,您意下如何?"这样以婉词相代,给对方"主动权在我手中"之感,自尊心得到了充分尊重,有关介绍对象的交谈就能顺利进行下去。

与人相处时,必须对别人予以尊重,不去谈论他人的短处,也不去碰触他人的隐私。这样才能获得良好的人际关系,得到对方的好感和信任。

4.忍住一时之怒,获得一生益处

【原文】

当怒火欲水正沸腾处,明明知得,又明明犯着。知的是谁?犯的又是谁?此处能猛然转念,邪魔便为真君矣。

【大意】

当愤怒像熊熊烈火一般上升,欲念有如开水一般在心头翻滚时,虽然他自己明知这是不对的,可是他又会眼睁睁地不加控制。知道这种道理的是谁呢?明知故犯的又是谁呢?假如当此紧要关头能够突然改变观念,那么邪魔恶鬼也就变成慈祥的上帝了。

愤怒是一种非常大众化的感情，成千上万的人毫无必要地受到"毒性愤怒"的侵害，它每一天都在实实在在地毒害着人们的生活。

愤怒是无法彻底消除的，而且也没有必要消除，但你有必要对它进行良好的管理和控制。不管是在家里、在工作中，还是在和关系亲密的人相处的过程中，都需要进行愤怒管理。

愤怒就其本身的特性来说是短暂的，它就像拍打沙滩的波浪一样，来得快，去得也快。对于大多数人来说，五到十分钟之后，火气就下去了；但对某些人，愤怒会一直挥之不去，并有可能愈演愈烈。

不悦要比愤怒更加常见。如果仅仅是感到不悦，一般不是什么问题，但前提是这种感觉能就此打住，不往下发展。

怎样才能让不悦之情就此打住呢？下次有人惹你不高兴时，你可以尝试像下面这样去做：

（1）不要把事情想得过分严重，用正确的眼光去对待。

如果在开车时，有一辆车突然插到了你的前面，要记住，这只是让你不快的小事，而不是世界末日。

（2）不要把问题个人化。

那个开车时插到你前面的司机并不认识你——他很可能并没有意识到给你带来的不快。也许某件事让他不顺心，因此想发泄出来，但这绝对不是针对你本人。

（3）不要指责别人。

一旦开始指责另外一个人，你的不快就会很快升级。所以，让事情就这么过去吧，别再去追究了。

（4）不要老想着报复。

把某事归罪于某人后，下一步往往就是报复。与其这样，不如把精力用在比报复更有用的事情上。

(5)不断探寻让自己面对某种情况而不生气的方法。

开车的时候,其他司机让你不悦,你该怎样做才能不让这种不悦升级为愤怒呢?也许你可以播放自己喜欢的音乐,或者收听自己喜欢的电台节目, 特别是一些轻松愉快的节目, 也许其他方法对你更有效。总之,你要不断地总结和摸索。

(6)不要把自己看成一个无助的受害者。

采取一些措施使自己适应令你不快的情况, 或者想办法改变这种情况。不管你做什么,只要你在做,就比光在那里生气要好。

(7)不要让负面情绪放大你的愤怒。

愤怒会加剧你的郁闷。告诉自己:我不会因这种令人不快的情况而使我的坏心情雪上加霜。问自己:如果我心情不这样糟糕,遇到这种情况,我会怎么做? 然后就那样去做。

一个年轻的农夫划着小船,给另一个村子的村民运送自家的农产品。那天的天气酷热难耐,农夫热得汗流浃背,苦不堪言。他心急火燎地划着小船,希望赶紧完成运送任务,以便在天黑之前返回家中。突然,农夫发现前面有一条小船正沿河而下,迎面向自己快速驶来。眼看两条船就要撞上了,那条船却没有丝毫避让的意思,似乎是有意要撞翻农夫的小船。

"让开! 快点让开! 你这个白痴!"农夫大声地向对面的船吼道,"再不让开,你就要撞上我了!"

但农夫的吼叫完全没用,尽管农夫手忙脚乱地企图让出水道,但为时已晚,那条船还是重重地撞上了他的船。农夫被激怒了,他厉声斥责道:"你会不会驾船? 这么宽的河面,你竟然撞到了我的船上!"

当农夫怒目审视那条小船时,他吃惊地发现,小船上空无一人,听他大呼小叫、厉声斥骂的只是一条挣脱了绳索,顺河漂流的空船。

在多数情况下,当你责难、怒吼的时候,你的听众或许只是一条空船。那个一再惹怒你的人,绝不会因为你的斥责而改变他的航向。

如果你能学会控制自己的情绪,冷静分析那些容易让你生气发火的原因,你就会知道自己还欠缺什么、害怕什么、想要什么。

5.给情绪安三道防火墙

【原文】

吾身一小天地也,使喜怒不愆,好恶有则,便是燮理的功夫。

【大意】

人们的身体就是一个小天地,如果能使自己喜怒不逾越规矩,使自己的好恶遵守一定的规则,这就是做人的一种调理谐和的功夫。

情绪不仅仅是一种感情的表达,更是一种重要的生存智慧。如果控制不住自己的情绪,随心所欲,就可能带来毁灭性的灾难。情绪控制得好,则可以帮我们化险为夷,甚至获得意想不到的好处。

很多时候,那些让我们生气的理由回头再想想根本不值得,甚至有的时候,我们发完脾气却忘了自己为什么不高兴。

有一个叫爱地巴的人，每次一和人发生争执，就会以很快的速度跑回家，绕着自己的房子跑上两圈，然后坐在地上喘气。

爱地巴工作非常勤劳努力，所以后来，他的房子越来越大，土地也越来越广。但不管房子和土地有多大，只要因与人争论而生气，他就会绕着房子跑两圈。

"爱地巴为什么每次生气都绕着房子跑两圈呢？"所有认识他的人心里都感到疑惑，但是不管怎么问，爱地巴都不愿意明说。

许多年以后，爱地巴已经很老了，他的房子和土地也也比之前扩大了很多倍，但他一生气，还是会拄着拐杖艰难地绕着房子转，等他好不容易走完两圈，太阳已经下山了，爱地巴独自坐在地上喘气。

他的孙子在身边恳求他："爷爷，您已经这么大年纪了，这附近地区也没有其他人的房子比您的更大，您不能再像从前那样，一生气就绕着房子跑了。您可不可以告诉我，您为什么一生气就要绕着房子跑呢？"

面对孙子的疑问，爱地巴终于说出了隐藏在心里多年的秘密，他说："年轻的时候，我一和人吵架、争论、生气，就会绕着房子跑，然后边跑边想：自己的房子这么小，土地这么少，哪有时间去和人生气呢？一想到这里，我的气就全消了，因为我要把所有的时间都用来努力工作。"

孙子问道："爷爷，那您现在年老了，又变成了这里最富有的人，为什么还要绕着房子跑呢？"爱地巴笑着说："我现在还是会生气，所以要绕着房子跑。不过，我这次想的是，自己的房子这么大，土地这么多，又何必和人计较呢？一想到这里，心中的气就没有了。"

发现自己产生负面情绪的时候，不能首先把责任推给别人，而必须学会把镜子转向自己，看看自己的心智模式有哪些不妥的地方。

一天，战争部长斯坦顿来到林肯的办公室，气呼呼地对他说一位少将用侮辱的话指责他偏袒一些人。林肯建议斯坦顿写一封内容尖刻的信回敬那家伙。

"可以狠狠地骂他一顿。"林肯说。

斯坦顿立刻写了一封措辞强烈的信，然后拿给总统看。

"对了，对了。"林肯高声叫好，"要的就是这个！好好训他一顿，真写绝了，斯坦顿。"

但是，当斯坦顿把信叠好装进信封里时，林肯却叫住他，问道："你干什么？"

"寄出去呀。"斯坦顿被问得有些摸不着头脑。

"不要胡闹。"林肯大声说，"这封信不能发，快把它扔到炉子里去。凡是生气时写的信，我都是这么处理的。这封信写得好，写的时候你已经解了气，现在感觉好多了吧？那么，就请你把它烧掉，再写第二封信吧。"

林肯总统的做法，就是给自己安上了"防火墙"。

心理学家认为，在情绪激动时，至少有三个重要的关键点可以努力，只要掌握得当，你我就能力挽狂澜而冷静下来。

心理学家把它称为"冷静的三道防火墙"，一起来看看该怎么做吧！

冷静防火墙一——"想法灭火"

你会心生不满，是因为你对身处的状况做出了不利于自己的评价。例如："他迟到那么久，根本就是不在乎我！"或"他是故意伤害我的感情！"这么一想，你当然会怒不可遏。

在这个"动念发火"的当下，只要能多一分自我觉察的功力，在心中跟自己辩论："且慢,这个解释真是唯一正确的答案吗?"这时,你心中产生的其他想法就会做出解释："也许他是不得已才迟到的!""恐怕是我错怪了他!"这样就能成功地发挥第一道防火墙的灭火功能,而不至于失去理智。

要建筑坚固有力的"防火墙",你就必须拥有良好的自觉能力,具备同理心和善意解读世界的能力。

冷静防火墙二——"冲动灭火"

万一第一道防火墙被突破,你没来得及拦截住心中的负面情绪,这时就会产生一些冲动的念头："我要给你点颜色瞧瞧!""我豁出去了,不让你难受,我誓不罢休!"要知道,即使再温柔和善的情商高手,也曾有过不理性的冲动念头。

在这个蠢蠢欲动的当下,如果灭火得宜,就能避免悲剧的产生。怎么做呢?建议你跟自己的心喊话："再等一下就好。"然后开始进行"数数法",在心里如此默数："1、4、7、10、13……"以此活络大脑的理性中枢,这时,其他的理性想法也会跟着出现："等等,这么做并不能真正解决问题。"这样,你就能悬崖勒马,不致冲动行事。

冷静防火墙三——"行动灭火"

万一前两道防火墙都失效,你开始恶言恶语,甚至动手动脚起来,这时虽然已开始非理性的行动,但只要不放弃,你仍然有希望冷静下来。例如,一旦意识到自己言行失态,就要考虑自己的格调(这实在不像我),以及对方所受的身心创伤而立即停止动作,避免造成更进一步的伤害,这样就能为行动灭火,逐渐冷静下来。

抓狂是需要冲破三道防火墙的,只要你做好情绪的消防检查,了解自己哪一道防火墙仍待加强,多加练习之后,就能为激情灭火,随心所欲而冷静自在,不再赔上幸福感。

6.宽容是人生的必修课

【原文】

天运之寒暑易避,人世之炎凉难除;人世之炎凉易除,吾心之冰炭难去。去得此中之冰炭,则满腔皆和气,自随地有春风矣。

【大意】

寒冷的冬天,炎热的夏天都能够躲避,但是人间冷暖、炎凉世态却难以消除;即使消除了人间的炎凉冷暖,还有存积在人们心中的恩仇怨恨无法排除。如果有谁能排除掉积压在心中的恩仇怨恨,那么祥和之气就会立刻充满胸怀,这样,他的周围就会充满春风般的温暖。

在现实生活中,总有那么一些人,心胸狭隘,小肚鸡肠,处事总是持"宁可我负人,不可人负我"的态度,对别人的错误甚至并非错误之事也斤斤计较、毫发必争,原本只是一丁点小矛盾,但在他们的胡搅蛮缠下就会进一步恶化。紧抓别人的过错不放,心中充满了对别人的仇恨,想尽各种办法对其打击报复,最终受伤害最大的还是自己,何苦呢?

从前有一个穷秀才在集市上卖字画。有一天,他看见不远处前呼后拥地走来一位富家少爷。秀才知道这个少爷的父亲是个高官,在年轻时曾经欺辱过自己的父亲,致使父亲最终忧郁而死。看到这个少爷,秀才的心底不由地涌起一股仇恨的情绪。

那个少爷路过秀才的画摊时,被一幅花鸟画深深吸引住了,他在这幅画前流连忘返,不忍离去,想要买这幅画,秀才却将这幅画收卷起来,并声称不卖给他。这位小少爷是位痴情任性的人,他对那幅画始终难以割舍,不能忘怀,并因此得了心病,日渐憔悴。

最后,少爷的父亲出面了,表示愿意为这幅画付一笔高价。可秀才宁愿把这幅画挂在他家堂屋的墙上,也不愿意卖给他。秀才阴沉着脸坐在画前,自言自语地说:"这就是我的报复,父债子偿。"少爷的父亲没有买到画失望地回去了,没过几天,那个少爷就死了。

事情发展到这一步,秀才却没有得到报复后的快感,他连日梦见小少爷天真的笑脸,这使他的良心受到了谴责,终日痛苦不已。有一天,他应人要求画一幅佛像。可是,他画着画着就觉得佛像与自己以往画的佛像有很大的差异,这使他苦恼不已,他费尽心思地找原因。突然,他惊恐地丢下手中的画笔,跳了起来:他刚画好的佛像的眼睛,竟然是那位少爷的父亲的眼睛,连嘴唇也是那么相似。他把画撕碎,高喊道:"我的报复又回报到我的头上来了!"

就像家鸽总会回家,报复也总会回到自己的头上。生活就是这样,面对别人的伤害,刻意的报复结局往往并不乐观,最后的结果与其说是报复了敌人,不如说是更深地伤害了自己。

报复是把双刃剑,在伤害别人的同时,也会划伤自己。正如一位哲人所说:"当你伸出两只手指去指责别人时,余下的三只手指恰恰是对着自己的。"

圣人说:"怀着爱心吃蔬菜,也要比怀着怨恨吃牛肉好得多。"

有个青年总是愤世嫉俗,在学习、生活、工作中遭遇了许多误解和挫折。由于得不到别人的理解,他渐渐地养成了以戒备和仇恨的心态看待他人的习惯,总是对别人的小错误斤斤计较,仇恨那些不理解自己的人,把自己的人际关系弄得十分紧张。在压抑郁闷的环境中,他感觉整个世界都在排斥他,因此度日如年,精神几乎崩溃。

有一天,青年出门散心,他登上了一座景色宜人的大山。坐在山上,他无心欣赏优美的风景,总是想着自己这些年的遭遇,内心的仇恨像开闸的洪水一样涌出, 他忍不住大声对着空荡幽深的山谷喊:"我恨你们!我恨你们!我恨你们!"话一出口,山谷里传来同样的回音:"我恨你们!我恨你们!我恨你们!"他越听越不是滋味,于是又提高了喊叫的声音。他骂得越厉害,回音就越大越长,这使他更恼怒了。

就在他再次大声叫骂后,从身后传来了"我爱你们!我爱你们!我爱你们"的声音,他扭头一看,只见不远处的寺庙里,一个和尚在冲着他喊。

片刻后,和尚微笑着向他走来,笑着说:"倘若世界是一堵墙,那爱就是世界的回音壁。就像刚才我们的回音,你以什么样的心态说话,他就会以什么样的语气给你回音。爱出者爱返,福往者福来。为人处世,许多烦恼都是因为对别人斤斤计较、怀恨在心而产生的。你热爱别人,别人也会给你爱;你去帮助别人,别人也会帮助你。世界是互动的,你给世界几分爱,世界就会回你几分爱。爱给人的收获远远大于恨带来的暂时的满足。"

听了方丈的话,青年恍然大悟。回去后,他以积极、健康、友爱的心态对待身边的一切,渐渐地,他和同事之间的误解没有了,工作也比以往顺利了很多。

生活中没有永远的仇人,只要心中的怨恨消失,仇人也能变成朋友。如果我们的仇人知道我们对他的怨恨使我们精疲力竭、紧张不安,甚至因此而影响健康,他们不是会拍手称快吗?我们为什么要用仇人的错误惩罚自己呢?

所以,要想生活中永远拥有安静和欢乐,就不要浪费时间去做那些毫无意义的报复,不要让自己的心因为报复而陷入痛苦。

美国第三任总统杰斐逊与第二任总统亚当斯从交恶到宽恕,就是一个生动的例子。

杰斐逊在就任前夕来到白宫,想要告诉亚当斯,他希望针锋相对的竞选活动并没有破坏他们之间的友谊。但据说杰斐逊还来不及开口,亚当斯便咆哮了起来:"是你把我赶走的!是你把我赶走的!"从此,两人没有交谈达数年之久,直到后来杰斐逊的几个邻居去探访亚当斯,这个坚强的老人仍在诉说那件难堪的事,但接着,他便脱口说出:"我一直都喜欢杰斐逊,现在仍然喜欢他。"邻居把这句话传达给了杰斐逊,杰斐逊立刻请了一个彼此皆熟悉的朋友传话,让亚当斯也知道他的深重友情。

后来,亚当斯回了一封信给他,两人从此开始了美国历史上最伟大的书信往来。

这个例子告诉我们,宽容能将敌意化解为友谊。

戴尔·卡耐基在电台上介绍《小妇人》的作者时,心不在焉地说错了地理位置。其中一位听众为此写了一封信,把他骂得体无完肤。卡耐基当时真想回信告诉她:"我是把区域位置说错了,但从来没有见过像你这么粗鲁无礼的女人。"但他控制住了自己,没有向她回击,他鼓励自己将敌意化解为友谊。他自问:"如果我是她,也会像她一样愤怒吗?"他尽量站在对方的立场上来思考这件事情。想清楚后,他打了个电话给这位听众,再三向她承认错误并表达歉意。这位太太最终表示了对他的敬佩,希望能与他进一步深交。

安德鲁·马修斯在《宽容之心》中说过这样一句发人深省的话:"一只脚踩扁了紫罗兰,它却把香味留在了脚跟上,这就是宽容。"富兰克林也说:"对于所受到的伤害,宽容比复仇更有用得多。"

7.施恩莫念,受怨宜忘

【原文】

我有功于人不可念,而过则不可不念;人有恩于我不可忘,而怨则不可不忘。

【大意】

自己如果帮助过别人,不要常常挂在嘴上或记在心里,但如果有对不起别人的地方,则一定要经常反省;如果别人曾经对自己有恩,就应常记于心,不可以轻易忘怀,别人做了对不起自己的事,则不应常记心间。

在做人方面,我们应当要求自己忘功不忘过;而对于他人,则应该忘怨不忘恩。

中国古贤历来认为,施恩图报非君子所为。若抱着得人回报的念头去帮助别人,那这种帮助就不是纯粹的助人,而成了一种投资。面对"被资助者",你这个"投资人"难免会带着居高临下的优越感,时间久了必会引起反感,严重的还会导致"恩变成仇"的结果。所以,施恩莫念才是可取的态度,这也是一种做人的境界。

当然,我们可以施恩不图报,却不能知恩不报;做人要懂得饮水思源,始终牢记"滴水之恩当涌泉相报"的道理。而当别人做了对不起我们的事时,我们则要学会忘记,不要总是记挂在心中。

战国时期,魏信陵君(名无忌)杀了迟迟不肯援助赵国的魏将晋鄙,率魏军击破秦军,解除了邯郸被围困的危机,赵王亲自出郊迎接。唐雎对信陵君说,他听人说有些事无法得知,但有些事不可不知;有些事不能忘,但有些事不能不忘。信陵君问其何意。唐雎回应说:"有人恨自己,自己无法得知,但他恨别人,却不可不知;而别人有恩于自己,就不能忘记,但自己有恩于别人,就不能不忘了。"唐雎进一步说:"先生杀了晋鄙,解除了邯郸受困的危机,救了赵国,这是大恩,希望你能忘记对赵国的恩惠。因为心里老是记着对别人的恩德,势必会带来恩大仇大。而对别人的怨恨要是不能及时化解,就会给自己带来更多的烦恼。"信陵君听从了他的建议,而后世对此也多有良好评价。

孟尝君曾被逐出齐都,后来又返回,齐人谭拾子在国都边界上迎接他,并问孟尝君:"在齐国的士大夫中,有没有你怨恨的人呢?"

孟尝君说:"有。"

谭拾子说:"您把他们杀了,就满意了吗?"

孟尝君说:"是的。"

谭拾子说:"事物总有它发展的必然结果,道理也有它发展的必然规律。人总有一死,这是事物发展的必然结果。人有钱有势,别人就会来亲近他;若贫穷低贱,别人就会远离他,这就是道理发展的必然规律。以市场为例,早晨市场上人很拥挤,这并不是因为人们早晨喜欢市场,晚上厌恶市场,而只是因为早晨的市场上有人们所需要的东西,而晚上的市场没有。希望您不要怨恨齐国的士大夫。"

听了谭拾子的话,孟尝君从簿子上划去了500个他所怨恨的人的姓名,再不提此事。

许多情况下,人们以为"恶"的,未必就真的是什么"恶"。退一步说,即使是"恶",只要对方心存歉意,诚惶诚恐,而你不念恶,以礼相待,进而对他格外地表示亲近,也会使为"恶"者感念你的诚,从而改"恶"从善。

乔治·罗纳是一位优秀的律师。由于工作的关系,他认识了很多人,也结交了很多朋友。第二次世界大战时,他逃到了瑞典。他因为会几国语言,所以很容易就找到了一份书记员的工作。他保持着自己爱交朋友的习惯,不久之后,他就有了一批很好的新朋友。

他的一位朋友很爱出去旅行。一次,他和那位朋友一起出去旅行,到达了沙漠。一开始,他们走得很顺利,但不幸的是,车子在半路抛锚了,他们不得不步行走出茫茫的大沙漠。他们走得很辛苦,沙漠里不仅又干又热,而且不时会有风沙吹来,迷住他们的眼睛。恶劣的环境让他的朋友变得日益暴躁,他开始抱怨,而乔治也埋怨朋友不该选择这样一个危险的地方旅行。他们越说越气愤,最后吵了起来。那位朋友咆哮道:"乔治,如果我手里有一把枪,我一定要打爆你的头。"乔治·罗纳没有回击,而是冷静下来,蹲下身,在沙子上写下一行字:"某年某月某日,布兰克对着我发火,说要打爆我的头。"一阵风沙吹过,那行字很快就消失得无影无踪了。

历经艰难之后,他们终于走出了沙漠。有一段时间,他们互不联系，直到他们冷静下来，觉得自己做得不对，才开始恢复交往。在一个酒会上，他们又走到了一起，那位朋友举杯对乔治道歉说："乔治，对不起，都是我太冲动了，我真不该对你发那么大的火，而且把你带到沙漠里旅行也太欠考虑了，幸好我们都活着回来了。"乔治也举杯检讨了自己的过错。然后，他拿起一把小刀在一块石头上刻下了一行字："某年某月某日，布兰克和我互相检讨自己，我们的友谊长存。"

布兰克奇怪地问："乔治，你为什么那天在沙子上写字，而今天却在石头上刻字呢？"乔治·罗纳认真地回答："爱要刻在石头上，而恨要写在沙子上，这是为了让我们记住爱而忘记恨。沙子上的字很容易就被风吹掉了，就像我心上没有留下任何痕迹一样；而石头上的字是无论如何不会磨灭的，它见证着我们之间的爱和友谊。"

每一个人都应该有这样的胸襟，因为爱是我们心头最值得纪念也最值得珍藏的回忆。将爱刻在我们的心里，我们的生活会变得更加精彩；而恨则不过是心头的一阵风，吹过就散了，不值得介怀。

8.争论是最大的空耗

【原文】

人有顽固，要善为化诲，如忿而疾之，是以顽济顽。

【大意】

对于别人的顽固行为，应善加开导，假如因此而生气地厌恶他，那是用另一种顽固来帮助顽固。

没有人喜欢被别人当众指责，那是一件非常难堪的事情，每个人遇到这样的事情都会感到愤怒。若是与锋芒毕露的攻击者反唇相讥，争个面红耳赤，必然会进一步激化矛盾。

无论何时何地，我们身边总不缺这样一群人：他们高谈阔论，总是炫耀自己的才能多么的出众；他们滔滔不绝，总喜欢以一己之见来强迫别人赞同其观点。你若稍稍与之争辩，他们便会剑拔弩张，与你争辩不休，直到最后你不得不"认输"，承认他说的是对的。这时，他们便会为自己出众的"口才"而沾沾自喜。遇到这样的人，真不知道是该气他们的无知，还是笑他们的愚蠢。

仔细想想，他们又得到了什么？除了浪费时间、浪费唾沫换来别人违心的认输，除了给别人留下一个"莽夫"的印象之外，他们什么也没得到。

有时候，言语是很苍白无力的东西，它并不能为我们带来什么实质上的帮助，我们也很少能够单纯地通过言辞去说服别人改变立场，让人心悦诚服。即使对方嘴上说着："算你赢了，我说不过你！"也至多是个"口服心不服"。

武则天执掌国政的时候，有一个名叫娄师德的大臣，他自幼才思敏捷，却从不逞口舌之利，素以谨慎忍让而闻名。娄师德有个弟弟，即将出任代州刺史。娄师德不放心，就问他："我位至宰相，你又任州官，受陛下的宠幸太多了。这正是别人所妒忌的，你打算怎样避免这些妒忌呢？"

弟弟说："从今以后，即使有人朝我的脸上吐唾沫，我也只会自己擦去，绝不让你担忧。"娄师德面色严峻地说："这正是我所担忧的。别人向你吐唾沫，是恨你，如果你将唾沫擦去，正违反了吐唾沫的人的意愿，只会加重他对你的愤怒。应该不擦去唾沫，让它自己干,笑着接受它。"

这就是成语"唾面自干"的来由,也是一代名相娄师德奉行的人生哲学。这是一种很好的避免争端的办法,但是生活中有很多人却不明白这样的道理。

有一次,一位先生上岳父家吃饭,进餐时,翁婿两人聊起了一条高速公路的修建问题。那位先生强调:公路的进度一再推迟,是有关部门的错误;而岳父则不同意,认为公路本来就不该兴建。两人你一言我一语,争论渐趋激烈。后来,那位岳父大人把问题扯到了"年轻人自私心重,没有环保意识"上,很显然是在批评女婿。那位先生怕再争论下去伤和气,便婉转地说:"可能我们的看法永远也不会合辙,可是,那没有什么。也许我们都是对的,也许我们都是错的,这也是未可知的事。"

那位先生的一席话,不仅给自己搭了台阶,也给争论打了圆场,避免矛盾进一步扩大,影响感情。试想,如果那位先生意气用事,与岳父争论不休,结果会如何呢?

一个人不愿承认自己错了,多是出于情绪的作用,跟事情本身已经没有太大关系了,所以,不要把所谓"正确"硬塞给他。

有一位汽车代理商,他在处理顾客的抱怨时总是表现得很冷酷无情,不肯承认是自己这方面的错误,总想证明问题的根源在顾客身上。结果,他每天陷于争吵和官司纠纷中,心情一天比一天坏,生意也大不如以前。

后来,他改变了处理客户抱怨的办法。当顾客投诉时,他首先会说："我们确实犯了不少错误，真是不好意思。关于您的车子，我们有什么做得不合理的地方，请您告诉我。"这个办法能很快使顾客解除武装，由情绪对抗变成理智协商，如此一来，事情解决起来就容易多了。

当我们说对方错了的时候，他的反应常让我们头疼；而当我们承认自己也许错了时，就绝不会有这样的麻烦。这样做，不但能避免发生争执，而且可以使对方跟你一样宽宏大度，承认他也可能弄错。

争强好胜者未必掌握真理，而谦下的人，原本就把出风头看得淡，更不消说只是一点小是小非的争论，根本不值得称道。越是有理，越要表现得谦下，这能显示出一个人的胸襟之坦荡、修养之深厚。

第八章

保持自知之明,舍弃非分之想

1.注重道德的养成

【原文】

不昧己心,不尽人情,不竭物力。三者可以为天地立心,为生民立命,为子孙造福。

【大意】

不蒙蔽自己的良心,不做绝情绝义的事情,不过分浪费财力和物力。一般能够做到这三条的人,就可以在人世间树立善良的形象,为世间万民创造出生机,为子子孙孙创造永久的幸福。

一个人要想在事业上有所作为,必须从自我修养上做起,做官更是如此,因为为官从政的首要目的就是造福于民,哪怕是因此而触犯权贵,也不能蒙蔽良心。修炼品德,心怀正道,只有做到这样,才能为人民所称道,得到万民的敬爱。

李允祯,山东德州人。顺治元年任直隶故城县知县。

故城县里有个土豪,他想霸占同乡王良的妻子,便花重金买通死囚,让他供出王良是他的同伙,王良因此被捕入狱,并被施以重刑盘问。就在王良奄奄一息之际,李允祯查案卷,觉得事有蹊跷,便在晚上微服进牢房。在与犯人聊天中,李允祯得知,王良根本就不是他的同伙,而是狱吏与土豪勾结陷害所致。李允祯听了气愤不已,第二天就调查出事情的整个经过,马上将王良释放,并将土豪和狱吏一同绳之以法。

砀山县与故城县相邻,在那里发生动乱时,朝廷下令让李允祯代理砀山县事。济宁驻防军奉令调来平定动乱,驻防军官扬言要屠城,绝不放过任何乱党。李允祯知道驻防军一旦进城,城内的百姓肯定遭殃,于是,他在城外大摆宴席,犒赏大军,声称"城内乱臣贼子已经全部扫除了,剩下的都是普通百姓"。驻防军官怎能轻易相信,他坚持要全城人"过过筛子"。李允祯知道这一过"筛子",肯定会死掉很多无辜的百姓,他身为这里的地方官,怎么能让这种事情发生,于是厉声道:"总兵大人,请放心,这里是我所管辖的县城,一旦以后有什么不测,我自会负责,就不劳您费心了……"驻防军官见李允祯态度坚决,只好带着军队离开了砀山县。

故城县中,原16岁以上男丁有1万多人,后来经过连年战火的摧残,剩下7000多一点,但朝廷征兵纳税时却仍然以原来的人数为标准。李允祯觉得不合理,便要照实际人数去计征。这时,他忽然接到调令,要去江南丰县任知县。亲戚朋友都劝他这刚好是一个机会,可以不用再管故城县的事情了，但是他慨然说道："我必须把最后一项工作做好，身为父母官，就得尽心尽力为百姓做些事情。"说罢，他立即召集全县百姓，当众烧毁了原来的人口普查册，并在当天赶造出新册，申请省府审批。故城县因此免交浮粮，百姓非常高兴并且非常感谢他。在他走的时候，大家一定要送他礼品，但都被李允祯拒绝了。

李允祯到了丰县后，刚一上任，就有管县库的官吏张某送上金币和器具，谄媚地说："这些请大人收下，千万不用推辞，这是司库的规矩。"李允祯当即大怒，命令张某将东西送回库中，并且杖责张某50大板，免其职务。他任丰县知县3年，从未在库中开支一分钱为己所用。

当时丰县有一股很坏的风气，一些地痞恶棍经常勾结奸吏，在造事后诬告他人，弄得对方家破人亡。李允祯决心一定要扫除这种不良风气。于是，他把这些都上报知府，并请求知府将这些人交回丰县。面对铁证，这些人无法抵赖，只有俯首认罪，并被处以刑罚。此后，再没有地痞流氓敢横行霸道了。

从以上事迹中可以看出，李允祯为官清廉正直，做人做事都没有违背自己的良心，更没有违背为官的原则。正因为他一心一意为百姓谋利，树立了自己清正廉明的形象，才使得他流芳百世，受到后人的敬仰。

在古人看来，"道德不厚者不可以使民"（《战国策》卷三），这是因为道德与权威是紧密关联的。贾谊说得好："德操而固则威立，教顺（和顺）而必（坚定）则令行。"（《新书·道术》）官无道德，也就谈不上有什么威信和号召力。难怪常璩在《华阳国志》中强调指出："治世以大德，不以小惠。"

为政以德最重要的一个体现，就是爱民、为民、利民。《尚书·大禹谟》曰："德惟善政，政在养民。"推行善政的目的，在于养护百姓。"民惟邦本,本固国宁"(《尚书·五子之歌》),正因为如此,所以"为政之道,以顺民心为本,以厚民心为本,以安而不扰为本"(《二程集·河南程氏文集》)。确实,只有出于责任的行为,才具有道德价值。当然,能否做到以民为本,关键取决于官员有没有公心,"治国莫先于公",不去私立公,就得不到百姓的拥护。因此,先秦的管子告诫说:"道德当身,故不以物惑。"(《管子·戒》)汉代的刘向主张:"治官事则不营私家,在公门则不言货利。"(《说苑·至公》)宋代的苏洵则说:"为一身谋则愚,而为天下谋则智。"(《审敌》)屈原十分推崇那些德高望重者,"秉德无私参天地"(《九章·橘颂》),在他眼里,这些人与天地一样高大。

古人注重道德的养成和积累,强调须从一点一滴的小事做起。《尚书·旅獒》写道:"不矜细行,终累大德。"

2.保持纯真的本色

【原文】

君子与其练达,不若朴鲁;与其曲谨,不若疏狂。

【大意】

做人与其精明老练,深谙人情世故,不如淳朴天真,做个诚恳正直的人;与其处处谨小慎微受局限,不如坦荡磊落地行事。

在如今这个复杂多变的社会中，为了保护自己，人们会刻意地给自己加点"佐料"，粉饰自身。虽然这是出于自我保护的需要，然而当我们渐渐习惯于以面具示人，我们就会逐渐失去真实的自我，越来越无法体会真实带给我们的美。

其实，老老实实做事、做人，永远不会吃亏。

季羡林在清华大学读书的时候，清华大学与德国交换研究生，季羡林虽有机会前往，却拿不出路费和生活费。

季羡林在济南读高中时的校长张还吾听说后，便提出带他去找山东省教育厅长何思源帮忙，二人曾同为北大学生，交情不错。但没想到的是，张还吾带着季羡林刚到那里，还未开口，何思源似乎早已知其来意，一口回绝了他们的请求。季羡林也不说话求情，最后事情只得作罢。

出来后，张还吾责备季羡林太老实，不会说话。这让季羡林非常为难，为自己求情这种事他实在做不出来。最后，季羡林只好四处借贷，这才筹齐了路费。

季羡林曾说过："做人要老实，学习也要老实。学习没有什么万能的窍门。俗语说：'书山有路勤为径，学海无涯苦作舟。'这就是窍门。"季羡林把老实之道发挥到了生活的方方面面，所以他无论做学问、做人，都非常踏实，让人信服。

做人老实应该体现为不要心机，不投机取巧。"揠苗助长"的故事大家都听说过，故事中的人自作聪明地把苗"提了一提"，结果"苗则槁矣"，得不偿失。与其这样，倒不如老老实实做事为好。

《应谐录》中记载了这样一个寓言故事。

乔奄家里养了一只猫，这只猫非常漂亮，他以为此猫非常奇特，就称它为"虎猫"。乔奄经常抱着"虎猫"在客人面前炫耀。

有一天，乔奄请客人吃饭，席间，他又把"虎猫"抱了出来。客人们为了讨好乔奄，争着说好话巴结他。"虎虽然勇猛，但不如龙神奇，我认为应该叫'龙猫'。"另一个人说："不妥，不妥。龙虽然神奇，但是没有云气托住，龙升不到天上，所以应该叫'云猫'。"第三个人争着说："云气遮天蔽日，气象不凡，但一阵狂风就能把它吹散，所以我建议叫它'风猫'。"随即有人反驳："大风确实威力无比，但是一堵墙壁就可以挡住狂风，不如叫'墙猫'。"又有人说："这位的意见我非常不同意。墙壁对风来说，是可以抵挡一阵，但跟老鼠一比就不行了，老鼠可以在墙上打洞，应改名为'鼠猫'。"

这时，一位老人站起来斥责他们："你们啊，争奇斗胜，把脑子都搞糊涂了。逮老鼠的是谁？不就是猫吗！猫就是猫，搞那么多名堂干什么呢！"

这群人自以为只要夸赞乔奄的猫就能够巴结他，结果却闹了个大笑话。

很多自以为无比聪明的"精明人"，无论是做人还是做事，都没什么大的成就和建树；反倒是那些看起来傻得要命的老实人，往往能赢得更多的成就和尊重。所以，做人就应该讲究真实，真实是难得之美。

真实就像循环的能量一样，使我们充满活力。除去面具，回想你觉得自己"真实"的时刻，想一想你有哪些尖利的、脆弱的，或者需要小心保存的地方。你是不是很容易发火、受惊或者期望别人按照你的意愿做事？改变这些行为的一个办法是把它们说出来。我们不一定要做完人，相反，承认自己的不足可以使我们更加真实，也更容易与别人建立起亲密关系。

保持做人的本色，就是不要丢掉自己真实的一面。用你真实的一面去体察，你就能够透过肤浅的表象，看到一个人的实质。

一个人最为看重的幸福和成功只能从自己生命的本色里去获得。富翁看重金子，而本分的庄稼人却看重脚下那片拴紧他们灵魂的土地，因为他们深信"泥土里面有黄金"。

失去本色的人生是灰色的、无光泽的人生，做人，就应该保持自己的本色。

3.欲望越多,幸福越浅

【原文】

欲其中者,波沸寒潭,山林不见其寂。

【大意】

人的欲望过强,能使平静的心湖掀起汹涌的波涛,即使住进深山老林也无法平静。

人都有一个弱点，就是欲望太多，总以为什么东西都是越大越好、越多越好，殊不知结果往往是相反的：欲望越多，幸福越浅。

为何我们常见平凡打工者脸上洋溢的幸福笑容，却少见成功人士脸上的欢颜。答案是前者知足常乐，他们给自己设置的幸福底线很低；而后者欲望越大，越难知足，身心被欲望的枷锁束缚，丢掉了手中原本最为珍贵的东西。

你可以为自己构设一个幸福的场景，当你通过努力达到这个场景时，你真的会满足吗？人心不足蛇吞象，这个人人皆知的故事，似乎就是诠释欲望与幸福关系的最好版本。

传说古时，有一位村夫看到了一条冻僵的蛇。村夫把蛇救活，并将其放进了后山的一个山洞里。因为蛇的到来，山洞口长出了灵芝和一些奇异花草。但人们知道山洞里有蛇，谁也不敢去采这些东西。

皇上听说了此事后，就下旨说，谁能采来灵芝，必有重赏。村夫很清贫，他想，自己要是能得到这笔财富，一定会很幸福，于是，他就去恳求蛇帮忙。蛇感谢他的救命之恩，便让他采了灵芝送进宫里。村夫得到奖赏后，过上了他想要的生活。

又过了些日子，皇后的眼睛瞎了，御医说只有蛇的眼珠才能治好。皇上就下旨说，谁能弄来蛇的眼睛，就让他当大官。村夫想，自己现在是比过去幸福多了，但若再当上高官，有钱有势，一定会更幸福，于是他又来找蛇帮忙。蛇忍痛贡献出了自己的一只眼睛，村夫也因此当上了高官，再一次满足了自己幸福的心愿。

但没过多久，皇上又下旨说让村夫去割蛇身上的肉，因为他听说吃了蛇的肉，就可以长生不老。为了让村夫早些弄回蛇肉，皇上加封村夫为宰相。村夫得意洋洋，再一次来到山洞口，希望蛇能再次满足自己的心愿。但蛇什么也没说，而是张口就把这个刚做上宰相的人给吞进了肚子。

其实，得到皇帝赏赐后的生活，对清贫惯了的村夫来说，已经算是一步登天了。但他的贪心却无止境，想要更高的幸福，最后落得个被蛇吞进肚里的下场。

对于贪心不足的人来说，幸福是没有止境的。幸福被人们捆绑在自己的欲望之上，欲望越高，幸福越显疲惫。

所以，一旦把个人的欲望和幸福联系在一起，你就会和幸福背道而驰。因为，当你千辛万苦地实现了原先设定的目标后，你还会有更高的目标，还会让自己继续向更高的目标拼搏，幸福的感觉早被你抛在了一边。此时，你已经不是在追求幸福，而是在不断满足自己无限膨胀滋生的欲望。就如登山游玩，攀上一个高峰，在看到满眼好风景的同时，你也看到了四周的山峦，于是心里不免会有这样的心思：攀上那些更高的山峰，景色一定比自己现在看到的更美。而真实的情况却是，在那些山峰上看到的景色和你之前看到的并没什么区别，只是角度不同而已。

真正聪明的人不会舍近求远，去定什么幸福大目标，他们总是随遇而安，让心情放松，享受生活，让自己快乐，也让亲人幸福。总是这山望着那山高，最终必定一无所得。

4.天下没有免费的午餐

【原文】

非分之福，无故之获，非造物之钓饵，即人世之机阱。此处着眼不高，鲜不堕彼术中矣。

【大意】

不该自己享受的福分，无缘无故得到的意外之财，即使不是上天故意诱惑你的钓饵，也肯定是人间歹徒用来诈骗你的机关陷阱。人们如果不在这些地方睁大眼睛，就很难逃过这些诈术圈套，很少有人不上当受骗的。

如今，社会上骗子众多，伎俩繁杂。纵观种种骗术，大多是利用人性中贪图钱财的弱点来行骗的。一旦你有所企图，他们就会抓住你的贪欲，让你主动跳进他们事先设计好的陷阱。

所以，面对飞来的横财、平白的赠送，一定要冷静处理，不可因贪一时之小利而上当受骗，轻则丢掉更多的钱财，重则身败名裂。无故让你得，就是有意让你失，这样的人不是要利用你，就是想欺骗你。

梅里特兄弟从德国移民后定居在美国密沙比。后来，他们意外地发现，密沙比有丰富的铁矿。于是，兄弟俩秘密行动，用多年辛苦工作积攒下来的一笔钱大量收购地产，顺利地成立了铁矿公司。

其实，洛克菲勒也早有涉足铁矿的想法，可当他准备动手时，梅里特兄弟的铁矿公司已经开始经营运转了。为了得到这个铁矿，洛克菲勒动起了小心思。

1837年，美国爆发了经济危机，梅里特兄弟的铁矿公司也陷入了危机的旋涡之中，兄弟俩为此愁眉不展。此时，本地的一个牧师来到他们家。在闲聊中，梅里特兄弟不自觉地谈到了现在的经济危机，并对牧师说铁矿公司也陷入了危机之中，资金周转不灵。

这位"热心"的牧师说："你们怎么不早些告诉我呢？我可以帮你们一把。"兄弟俩听了这话不禁喜出望外，对牧师说："您有何高见？"牧师说："我有一个朋友，看在我的面上，他可以支援你们需要的周转资金。你们要多少钱？"梅里特说："42万元。"牧师很快就写了封借42万元的介绍信。兄弟俩问："那么利息怎么计算呢？"牧师大方地说："我怎能要你们的利息呢？这样吧，比银行利率低两厘。"

兄弟俩简直不能相信，这样的好事竟然会降临到他们头上。牧师拿出笔墨立了一张借款字据："今有梅里特兄弟借考尔贷款42万元整,利息3厘,特立此为证。"梅里特兄弟念了字据,觉得没有什么遗漏,便高兴地在字据上签了字。

半年之后,这位牧师来到梅里特兄弟家里,一进门,他就十分严肃地对兄弟俩说:"我的朋友是洛克菲勒,他早上给我来了电报,要求马上收回那42万元贷款。"

梅里特兄弟此刻哪来的42万元偿还呢?只好被逼上了法庭。

原告律师说:"借据写的是考尔贷款,考尔贷款是贷款人随时可收回的贷款,所以它的利息要比一般贷款低。根据美国法律,借款人要么立即还清借款,要么宣布破产!"

在这种情况下,兄弟俩只好宣布破产,将产业出卖,买主当然是洛克菲勒。

在风云莫测的生意场上,对方是否值得信任是个需要慎重考虑的问题。遇到别人对你甜言蜜语,给你种种好处的情况时,一定要提高警惕。要知道,最甜蜜的举止,可能就是最毒的毒药;最大的好处,也许是最深的陷阱。收下免费的午餐,就得收下随之而来的诸多麻烦,这就叫"吃不了兜着走"。

刘大妈走在车来人往的马路上,突然看到路边不引人注目的角落里有一个钱包,钱包的拉链开了一半,里面露出了几张百元大钞。刘大妈顿时动了心,上前把它捡了起来。她正想揣了钱离开时,旁边过来两个人警告她说:"这不是你的钱,我们刚才什么都看见了,要想不让我们告发你,就得分给我们一半!这样吧,现在你口袋里有多少钱,随便给点就行!"

刘大妈一时心慌,想都没想,就把口袋里的上千元钱全部掏给了他们。等他们走远后,她越想越不对劲,重新把捡到的钱拿出来仔细一看,发现竟然全是假币。

切记,天下没有免费的午餐,不请自来的喜报说不定就是陷阱。所以,千万不要有贪图便宜的心理,因为一时的贪念可能会让你失去更多。

天上如果掉馅儿饼,不是圈套就是陷阱! 只要牢记这句话,你自然可以安全无险。

5.聪明不露,才华不逞

【原文】

君子之才华,玉韫珠藏,不可使人易知。

【大意】

一个君子,他的才华要像珍珠美玉一样珍藏起来,绝对不能轻易让人知道。

有些人做事,总是希望能够引人注目、受人关注。做人需要有锐气,在适当的场合显露一下自己既有必要,也是应当的。然而,物极必反,过分外露自己的才华只会招来他人的嫉恨,最终导致自己的失败。

古人云:"君子要聪明不露,才华不逞。"如果一个人总是喜欢显露自己的才干,表现自己的优秀,那他必然会遭受到很多挫折,这是做人不谙世事的表现。在现实生活中，人应当适当隐藏自己的锋芒，以做好自我保护。

通过了层层关卡后，华山应聘到某行政部门工作。他觉得自己学历高，沟通和工作能力都很强，一定能在公司有所作为。

华山每天做起事来风风火火，工作完成得也很出色，有时会对领导的决策提出自己的看法。他还特别喜欢对外联络工作和企业大型文体活动的组织工作，与其他部门混得很熟，可以说在方方面面都表现得很抢眼。

一次，行政总监召集行政部门开会。会议过程中，当他问到企业年终大会活动的策划要点时，还没等主管发言，华山就忍不住把自己的想法和盘托出，并说，这些想法已经和人事部门的负责人做了交流。

还有一次，华山了解到某部门对行政管理条例发布后的反馈信息时，恰好主管不在，他就径直把意见告诉给了行政总监，然后由行政总监传达给主管。主管接到总监信息后，很是恼火，责怪自己的助理没有及时将信息传达给他，华山坐在一边不敢说话。

几个月后，领导宣布人事任命，华山没被留下。华山听了这个消息后感到非常惊愕，他实在想不通，自己怎么会被炒了呢？

聪明、有才华是好事，这是事业成功的资本。但如果你把这当作向别人炫耀的资本，过分外露自己的聪明才华，就会得不偿失，甚至导致你人生的失败。

东汉末年的祢衡，恃才傲物，"见不如己者不与语"，走到哪里都希望得到别人的尊重，如果对方表现稍有不敬，便会破口大骂。不过，祢衡的朋友孔融非常看好祢衡,在曹操面前力荐祢衡。

一天,祢衡来到曹营,以为曹操会对他施大礼、让高座,但曹操对他的态度与一般谋士并无两样。祢衡觉得自己没有受到应有的礼遇,便想为自己讨个说法。他在曹操面前把魏军中机智过人的谋士、勇不可当的将军都贬得一文不值。祢衡视别人为无用之物,却吹嘘自己"天文地理,无一不通;三教九流,无所不晓;上可以致君为尧、舜,下可以配德于孔、颜。岂与俗子共论乎"。

对这个目空一切的狂徒,曹操很是看不惯,便强行把祢衡押送到荆州,送给了荆州牧刘表。刘表刚开始很看重祢衡,给予了他上宾的待遇,并让祢衡掌管荆州官府所有的文件材料,但祢衡却因为自己的高傲,对刘表左右的人很是不客气。最后弄得刘表的属下怨声载道,纷纷在刘表的面前说祢衡坏话。最后,刘表无法容忍祢衡的傲慢,便将他送给了江夏太守黄祖。

祢衡和黄祖的儿子黄衡是好朋友,黄祖也是久闻其才,所以在祢衡来后,便让他出席了一些宴会,很有一些要倚重他的意思。可是没几次,祢衡的老毛病又犯了,见谁都不顺眼,见谁骂谁,还在宴会上对黄祖来了个全面的评价。这次,黄祖没有容忍他的狂妄,让手下人一刀结果了他的性命。

才华是一个人终身的财富,但若将才华视作傲人的资本,那就不能说是一件好事了,它会给你招来数不尽的嫉恨厌恶。

现实生活中,很多人就是因为急于表现自己的才智,希望得到认可,而导致自己四处碰壁、举步维艰。

史密斯年纪轻轻就成为了一家银行的老板,并通过自己的能力使银行各方面的业务都成了同行业里面的佼佼者,吸引了一大批储户，市场的投资回报率也高达36%。这让史密斯颇为自傲，他甚至扬言要在三年内把储户数量再翻一番，同时还嘲笑其他银行没有竞争力，早晚要破产。

史密斯的不可一世惹来了同行的愤怒，于是，几家银行联合起来，筹集了上百万美元的资金，在史密斯的银行开了几百个活期存款户头。随后，他们约定好时间，在一个月后同时集体去提款。当天，储户们在史密斯的银行大厅里排起了长队。在排队的同时，他们还在外面大放谣言，说史密斯的银行资金出现了问题，这引起了其他储户的恐慌，他们也纷纷向该银行提款。一时间，银行里挤满了提款的人。最终，史密斯的银行没有度过这次挤兑风潮，宣告破产。

人不可没有傲骨，但绝对不能有傲气，骄傲只会让你成为众人厌恶的对象。自信是好事，但过分地自我感觉良好则是一种无知，很可能使你名誉扫地；才高也是好事，但如果处处显摆、自以为是，就会伤人伤己。所以，无论何时何地，都应该谦逊低调，放低姿态做人。

真正聪明的人懂得待时而动，自己的才华与锋芒平时都含而不露，到需要的时候再适时地显露出来，成就一番事业。所谓"花要半开，酒要半醉"，当你志得意满时，切不可趾高气扬、不可一世，要战胜盲目骄傲自大的病态心理，凡事不要太张狂，太咄咄逼人。让才华含而不露、适可而止、有所节制，这样做，既能有效地保护自我，又能充分发挥自己的才华，可谓两全其美。

6.小聪明不是真正的聪明

【原文】

聪明乃障道之藩屏。

【大意】

自作聪明是前行路上的阻碍和屏障。

有些人在做事前总会先费尽心思地盘算一下能不能偷工减料，能不能找到解决问题的小窍门、小技巧，甚至不惜损害他人的利益来达到自己的目的。这些人总以为自己很聪明，可事实证明，越是自作聪明的人，越会"聪明反被聪明误"。

我们不应当将所有的希望、事物的成败全部寄托在自己的"小聪明"上，我们需要的是脚踏实地地去做、去努力，而不是依靠投机取巧。

世界上最伟大的哲学家之一柏拉图正和他的学生走在马路上。这名学生是柏拉图的得意弟子之一，他很聪明，总是能在很短的时间之内领会老师的意思；他很有潜力，总是能提出一些具有独特视角的问题；他也很有理想，一直希望自己能够成为像老师一样伟大，甚至比老师还要博学的哲学家。但是，他常常自视聪慧，不愿意在学识上多下功夫，自认为聪明能敌过他人的努力。

但柏拉图认为他还需要生活的历练，还需要更加刻苦。柏拉图曾经语重心长地对这名学生说过一句话："人的生活必须要有伟大理想

171

的指引，但是仅有伟大的理想而不愿意脚踏实地，一步一个脚印地朝着理想奋进，那就不能称为完美的生活。"

这名学生知道老师是在教导自己要脚踏实地，但他认为自己比别人聪明，总能用一些技巧轻易地解决问题，自己的理想也比别人的更加伟大，所以只要自己想做，总能轻易地取得成功。

柏拉图相信这名学生能够做出一番大事业，但他十分清楚这名学生的缺点——只看到大目标而不顾脚下道路的坎坷和自身的不足。柏拉图一直想找一个合适的机会让学生自己意识到这一点。一天，柏拉图看到他们前面的不远处有一个很大的土坑，这个土坑周围还有一些杂草，平常人们只要稍加注意就可以绕过这个土坑，但柏拉图知道他的学生在赶路时经常不注意脚下。于是，他指着远处的一个路标对学生说："这就是我们今天行走的目标，我们两个人今天进行一次行走比赛如何？"学生欣然答应。

学生正值青春年少，他步履轻盈，很快就走到了柏拉图的前面，柏拉图则在后面不紧不慢地跟着。柏拉图看到，学生已经离那个土坑很近了，他提醒学生"注意脚下的路"，而学生却笑嘻嘻地说："老师，我想您应该提高您的速度了，您难道没看到我比您更接近那个目标了吗？"他的话音刚落，柏拉图就听到了"啊"的一声叫喊——学生掉进了土坑里。这个土坑虽然不会让人受重伤，但它却足以使掉下去的人无法独自上来，所以他只能在土坑里等着老师过来帮他。

柏拉图走过去，他并没有急着拉学生出来，而是意味深长地说："你现在还能看到前面的路标吗？根据你的判断，你说现在我们谁能更快地到达目的地呢？"

聪明的学生已经完全领会了老师的意思，他满脸羞愧地说："我只顾着远处的目标，却没走好脚下的每一步路，看来还是不如老师呀！"

一个人拥有智慧的头脑是值得骄傲的,但聪明并不代表一切。聪明是天赋,是先天的优势,但成功却等于1%的天赋加上99%的汗水。倘若你比他人有天赋,那说明你比他人离成功更近,你有更多的资本走上成功的道路,但这并不代表你一定能获得成功。如果你只想依靠聪明天赋来成就一番事业,而不愿意脚踏实地、勤奋努力地做事,那么即使你有再高的天赋,也是无用的。

聪明也并不代表智慧。很多人在不同的方面都有些小聪明,但真正有大智慧的人却寥寥无几。

莎士比亚提醒我们,千万不要自作聪明,变成"一条最容易上钩的游鱼","用自己全副的本领"来"证明自己的愚笨"。一个人如果把心思过多地用在小聪明上,他必定没有精力去开发和培植自己的大智慧。聪明和智慧是两个不同的概念,智慧有益无害,聪明益害参半,把握得不好的小聪明则贻害无穷。

拥有太多小聪明的人往往都很急功近利,他们的大部分精力都用在了追逐眼前利益上,而看不到长远的根本利益。相反,具有大智慧者很少会在众人面前炫耀自己的聪明才智,他们更不会自作聪明地干一些实际上愚蠢至极的事情。真正的聪明者不需要通过投机取巧来加以表现,自作聪明者常常反被自以为是的小聪明所累。

从前有个小男孩,他非常聪明,但在长久的夸奖声中,他渐渐变得懒惰,想靠投机取巧来获得成功。

这一天,小男孩有幸和上帝进行了对话。

小男孩问上帝:"一万年对你来说有多长?"

上帝回答说:"像一分钟。"

小男孩又问上帝："一百万元对你来说有多少？"

上帝回答说："相当一元。"

小男孩对上帝说："你能给我一元钱吗？"

上帝回答说："当然可以，请你稍候一分钟。"

一位哲人说过："投机取巧会导致盲目行事，脚踏实地才更容易成就未来。"

我们的成功需要智慧，更需要脚踏实地的付出。人要站得牢，才会走得稳，投机取巧走捷径或许能使你暂时得到好处，但因为没有厚实的基础，脚步太过轻快，最终，你必会在长途跋涉中落后于别人。想要获得成功，就必须实实在在地走好每一步，这样才能走得更远。

世界上绝顶聪明的人很少，绝对愚笨的人也不多，一般都具有普通的能力与智商，但是，为什么许多人都无法取得成功呢？

一个很重要的原因就是他们习惯于投机取巧，常用小聪明来替代必须付出的心血，不愿意付出与成功相称的努力。人们都懂得"宝剑锋从磨砺出，梅花香自苦寒来"的道理，可一旦落到自己身上，他马上又会回复到"投机取巧"的"捷径"上。

投机取巧会使人堕落，无所事事会令人退化，只有勤奋踏实地工作才是最高尚的，才能给人带来真正的幸福和乐趣。正所谓"机关算尽太聪明，反误了卿卿性命"，聪明是好事，但要用在适当的地方，才能显示出其真正的价值；想投机取巧、不劳而获，聪明只能把你带入失败的深渊。

7.人前君子,人后亦君子

【原文】

肝受病则目不能视,肾受病则耳不能听。受病于人所不见,必发于人所共见。故君子欲无得罪于昭昭,必先无得罪于冥冥。

【大意】

肝染上疾病,眼睛就看不见;肾染上疾病,耳朵就听不清。疾病虽生在看不见的内脏,但症状却发作于能见的地方。所以,君子要想表面没有过错,必须从看不见的细微处下慎独功夫。

"慎独"这个词出自《礼记·中庸》:"君子戒慎乎其所不睹,恐惧乎其所不闻。莫见乎隐,莫显乎微,故君子慎其独也。"它的意思是说,在最隐蔽的时候最能看出一个人的品质,在最微小地方最能显示人的灵魂,一个真君子,即使在没人的时候也不会显现出一点不好的言行,而是像在人前一样。

也就是说,即使是在一个人独处的时候,对自己的行为也要加以检束。

曾国藩在他的《金陵节署中日记里》说:"慎独则心安。自修之道,莫难于养心。心既知有善知有恶,而不能实用其力,以为善去恶,则谓之自欺。方寸之自欺与否,盖他人所不及知,而己独知之,故《大学》之

《诚意》章,两言慎独。果能好善如好好色,恶恶如恶恶臭;力去人欲,以存天理,则《大学》之所谓自慊,《中庸》之所谓戒慎恐惧,皆能切实行之。即曾子之所谓自反而缩,孟子之所谓仰不愧、俯不怍。所谓养心莫善于寡欲,皆不外乎是。故能慎独,则内省不疚,可以对天地质鬼神,断无行有不慊于心则馁之时。人无一内愧之事,则天君泰然,此心常快足宽平,是人生第一自强之道,第一寻乐之方,守身之先务也。"

正所谓"疾风知劲草,烈火炼真金",只有在独处的时候,才能知道一个人真正的品行。

杨震是东汉时期的名臣,一次因公出差,途经昌邑之地,曾经受到杨震提拔的昌邑县令王密在夜深人静的时候敲开了他的房门,献出10两黄金以表达自己对他的感激。杨震拒绝了王密,王密对杨震说:"半夜三更没有人知道,您就收下吧!这是我的一点心意。"杨震义正言辞地回答:"天知,地知,你知,我知,谁说没人知道!"态度绝决地把黄金退给了王密。

元代大学者许衡也有过类似经历。一日,许衡与人结伴外出,天气十分炎热,一行人口渴难耐,在经过一棵挂满成熟果实的梨树时,他人纷纷跑到树下摘梨解渴,只有许衡站在那里一动不动。有人问许衡:"你为什么不摘梨,难道你不渴吗?"许衡回答说:"这不是我的梨,怎么可以随便乱摘呢?"大家讥笑他迂腐,哄笑着说:"世道这么乱,谁还管这棵树是谁的呢!"许衡却不以为然地说:"世道乱,而我的心不乱,梨虽无主,可我的心有主。"

"慎独"就是人前君子,人后亦君子,这一点对于修身是非常重要的。想要坚持"慎独",就要在"隐"和"微"上下工夫,即人前人后

正心修身,养性育德

下篇《菜根谭》的修为

都是一个样,不让任何邪念萌发,这样才能防微杜渐,保持高尚的道德品质。

我们从小受到的教育在我们内心埋下了善恶的标准,但重要的不是我们心里有善恶,而是我们的行为能够遵守内心的标准,尤其是在没有别人监督的情况下。

虽说"君子"慎独,但是慎独不该只是先哲和圣贤们的追求,每个人都应该努力去践行它。无论何时何地、何种处境,我们都要时刻注意自己的言行。

要知道,人一旦失去了外界的监督和束缚,个人的私欲便可能成为至高无上的追求,当你降低自己的道德标准来让自己快活的时候,你已经在悄悄地腐败了。

慎独来自于不断地反省自己,它可以使你的内心变得清朗透彻,让你的人格越发坚韧;慎独还是一面盾牌,可以为你抵御来自方方面面的不良诱惑,使你踏实做事、坦荡为人,让我们这个社会更加文明有序,相处和谐。

著名的漫画家丰子恺先生画过一幅非常能体现"慎独"题材的漫画,画上的题词是"无人之处"。画上的那个人在有人的时候总是戴着一个面具,笑容礼貌客气,但没有人的时候,他就摘下了面具,面具下的面目狰狞可怖,令人作呕,这就是当面一套、背后一套的"伪君子"做派。真正的君子任何时候都是一个样,不会因为有没有人而改变自己的言行。

慎独是一个人内在品质的试金石,也是人生正己修身的必修课。生活在这喧嚣的浮世中,面对来自外界的鲜花和掌声,定力不足的人难免会飘飘然起来。但是慎独可以锻炼我们,警醒我们不可失了分寸,不能没了尺度,久而久之,就会成为一种习惯,而慎独之人也就成了真正的君子。

慎独是一种宝贵的品德,它如空谷幽兰,即使不在人们的视野范围之内,在高山峡谷中也能坚守自己的本分,保持自己的操守,守着天地,径自绽放,静默飘香。

8.勇于承认自己的错误

【原文】

责己者,求有过于无过之内,则德进。

【大意】

要求自己要严格,应在自己无过错时设法找出自己的过错,这样才能提高自己的品德修养。

心理学家高伯特说:"人们只在不关痛痒的事情上才象征性地认错。"许多人明知有错而不愿承认,是因为他们认为承认错误是一件很丢脸的事情。面对指责,他们会竭力辩解,而这些辩解反过来又加深了他们的自以为是,最终让人一事无成。

是人就会犯错,如果你犯的是大错,那么此错想必已尽人皆知,你的狡辩只会让人心生嫌恶。不认错和狡辩对自己的形象有强大的破坏性,因为不管你口才如何好,多么狡猾,你对错误的逃避换得的必是"敢做不敢当"之类的评语,从而失去别人对你的信任。而最重要的是,不敢承担错误会成为一种习惯,使你丧失面对错误、培养解决问题能力的机会。所以,不认错的结果是弊大于利。

那么诚实认错呢？也许有人会说，诚实认错会让自己立即付出代价，独吞苦果。有时候碰到没有度量的人，的确会如此，但绝大多数人都会"高抬贵手"，他们会想：他都已经认错了，还要怎么样呢？事实上，能承认错误的人，大多会得到别人的谅解。

坦诚面对自己的错误，拿出足够的勇气去承认它、面对它，不仅能弥补错误所带来的不良影响，还能加深别人对你的良好印象，进而痛快地原谅你的错误。

萨克是一家商贸公司的市场部经理。他曾在任职期间犯了一个错误——没经过仔细调查研究，就批复了一个职员为某公司生产3万件产品的报告。等产品生产出来准备报关时，公司才知道那个职员早已跳槽，那批货即便到站，也根本收不到货款。

萨克一时想不出补救对策，一个人在办公室里焦虑不安。这时，老板走了进来，他的脸色非常难看。还没等老板开口质问，萨克就立刻坦诚地向他讲述了一切，并主动认错："这是我的失误，我一定会尽最大努力挽回损失。"

老板被萨克的坦诚和敢于承担责任的勇气打动了，答应给他补偿的机会，并拨了一笔款让他外出考察一番。经过努力，萨克联系到了另一家客户。一个月后，这批货以比上次还高的价格转让了出去，萨克的行为得到了老板的嘉奖。

戴尔·卡耐基说过："即使傻瓜也会为自己的错误辩护，但能承认自己错误的人，更能获得他人的尊重。"

所以，当我们有理的时候，我们要试着温和地使对方同意我们的看法；而当我们犯错时，则要迅速而诚恳地承认错误，因为敢于认错能给人留下谦恭有礼、勇于承担责任的好印象。

第九章

书山有路勤为径，学海无涯苦作舟

1.读书贵有疑

【原文】

一疑一信相参勘，勘极而成知者，其知始真。

【大意】

人在求学过程中要有敢于怀疑的精神，一旦对事物怀疑，就要仔细去观察求证，只有在不断考证中得出来的学问才是真正的学问。

有成就的人往往也是喜欢思考的人，他们在看待事物或问题时常常会多问自己几个"为什么"。不仅如此，对别人提出的问题，他们也非常关注。

1921年，印度科学家拉曼在英国皇家学会上作了声学与光学的研究报告后，取道地中海乘船回国。当他在甲板上漫步的时候，一对母子的对话引起了拉曼的兴趣。

"妈妈，这是什么海呀？"

"地中海。"

"那它为什么叫地中海呢？"

"因为它处于欧亚大陆和非洲大陆之间，所以才这样叫它。"

"那么，大海为什么是蓝色的，而不是其他的颜色呢？"

听了孩子的这一问，母亲一时语塞。这时，母亲将求助的目光转向了人群，正好遇上了在一旁饶有兴味倾听他们谈话的拉曼。拉曼告诉男孩："海水所以是蓝色的，是因为它反射了天空的颜色。"

在此之前的科学界，几乎所有的人都认可这一解释。这是由英国物理学家瑞利勋爵得出的结论，他因为发现惰性气体而闻名于世。他曾用太阳光被大气分子散射的理论解释过天空的颜色，并由此做出了相应的推断——海水的蓝色是由于反射了天空的颜色。

但不知为什么，在离开了那一对母子之后，拉曼对自己的解释有些疑惑，好像还缺点什么似的。拉曼有点愧疚，他想，作为一名训练有素的科学家，应该具有男孩那种到所有的"已知"中去追求"未知"的好奇心。

于是，回到加尔各答后，拉曼立即着手研究海水为什么是蓝的。结果证实了他的感觉，他发现瑞利的解释实验证据不足，决心重新进行研究。

在已有的科学基础上，他从光线散射与水分子相互作用入手，运用爱因斯坦等科学家的涨落理论，获得了光线穿过净水、冰块及其他材料时散射现象的充分数据，从而证明了水分子对光线的散射使海水显出蓝色的机理，而这与大气分子散射太阳光而使天空呈现蓝色的机理完全相同。接着，他又在固体、液体和气体中，分别发现了一种普遍存在的光散射效应，这就是后来被人们统称的"拉曼效应"。

地中海轮船上那个男孩的问号，使拉曼走上了诺贝尔物理学奖的奖台，他也由此成为了印度，同时也是亚洲历史上第一个获得此项殊荣的科学家。

孟子曾经说过："尽信书不如无书！"南怀瑾先生也说："有些人有学问，可是没有智慧的思想，那么就是迂阔疏远，变成了不切实际的'罔'了，没有用处。相反，有些人'思而不学则殆'，他们有思想，有天才，但没有经过学问的踏实锻炼，那也是非常危险的。许多人往往倚仗天才而胡作非为，自己误以为那便是创作，结果陷于自害害人。"

专靠学习，吸取前人的知识，而不加上自己的分辨、思考和判断，就容易遭到前人思想的蒙蔽和限制。前人的思想固然有很多是珍贵的，但也可能夹杂着一些错误。人类对自然的认知是无穷无尽的，以前认为是正确的东西，未必就是正确的；相反，以前认为是谬误的，也未必就完全不可取。

就像古人说"天圆地方"，他们认为，大地是方的，可事实证明，地球是圆的；古人认为太阳是绕着地球转的，为此，教廷还烧死了意大利思想家布鲁诺，可事实上，太阳才是太阳系的核心。可见，一味紧抱着前人的教条而不思考，很容易会陷入先人错误的泥沼之中。

"吾爱吾师，吾更爱真理。"这是古希腊著名哲学家亚里士多德的经典名言。在哲学思想的内容和方法上，亚里士多德同他的老师柏拉图存在着严重的分歧。在追求真理的过程中，亚里士多德非常勇敢、坚决地批评了老师的错误和缺点。有些人指责他背叛了老师,亚里士多德则用这句流传至今的名言回击了那些人的攻击。

翻开历史看一看,人类是在怀疑中进步的,科学是在怀疑中发展完善的。怀疑是创新的起点,是思考的水龙头。打开水龙头,思考便会源源不断地流出。

戴震是清代著名思想家、文学家、哲学家,是"乾嘉学派"的代表人物,乾隆年间为《四库全书》纂修官。他出生于贫寒之家,幼读私塾,以过目不忘和善思好问著称。

有一次,老师教授《大学章句》,戴震越听越觉得可疑,于是向老师发问:"我们怎么知道这话是孔子说的而由曾子记述,又怎么知道是曾子的意思而由学生记下来的呢?"

老师难以回答这个出乎意料的疑问,于是抬出了朱熹这一权威:"这是朱文公说的。"

戴震马上问:"朱文公是什么时候的人?"

老师回答他说:"宋朝人。"

戴震追问:"曾子、孔子是什么时候的人?"

老师回答:"周朝人。"

戴震又问:"周朝和宋朝相隔多少年?"

老师说:"差不多两千年。"

戴震问:"既然这样,朱文公又是怎么知道这些的呢?"

老师被问得哑口无言,只得说:"你是一个不寻常的孩子。"

戴震不仅好问,而且勇于提出自己的看法和见解,敢于怀疑先贤、怀疑课本,而不是一味地听从权威的解释。这种勇气和精神值得我们学习。

小泽征尔是世界著名交响音乐指挥家。在一次欧洲指挥大赛的决赛中，小泽征尔按照评委给他的乐谱指挥乐队演奏。指挥中，他发现有不和谐的地方。他以为是乐队演奏错了，就停下来重新指挥演奏，但还是不行。"是不是乐谱错了？"小泽征尔问评委们。在场的评委们口气坚定地说乐谱没问题，"不和谐"是他的错觉。小泽征尔思考了一会儿，坚持自己的观点大声说："不，一定是乐谱错了！"话音刚落，评委们立刻报以热烈的掌声。原来，这是评委们精心设计的"圈套"。前两位参赛者虽然也发现了问题，但在遭到权威的否定后就不再坚持自己的判断，终遭淘汰，而小泽征尔不盲从权威，敢于怀疑，最终一举夺魁。

对待学问就该拿出小泽征尔的态度，敢于怀疑，敢于坚持，这样才能成为一个有见地的人。

明代陈献章曰："前辈学贵有疑，小疑则小进，大疑则大进。疑者，觉悟之机也，一番觉悟，一番长进。""疑"和"问"是思的表现，"非学无以致疑，非问无以广识。好学而不勤问，非真能好学者也。"思与学，始终相辅而行。

康德说："感性无知性则盲，知性无感性则空。"与孔子的"学而不思则罔，思而不学则殆"可以说是惊人的一致。可见，人类在知识的认知和获取上，不论地域、种族的差异如何大，其根本性的原则都是一致的。

2.读书要有高尚的追求

【原文】

读书不见圣贤,如铅椠佣;居官不爱子民,如衣冠盗。讲学不尚躬行,为口头禅;立业不思重德,为眼前花。

【大意】

读书不去研究古圣先贤的思想精义,只能成为一个写字匠;做官如果不爱护人民,只知受禄,就如一个穿着官服的强盗。只知研究学问却不注重身体力行,那就像一个不懂佛理只会念经的和尚;事业成功后却不想为后人积一些阴德,就像一朵艳丽却很快凋谢的昙花。

读书治学,为官做事,根本的一点就是要名实相符,不能徒具表面形式,而不追究实际功效。书可读,但目的是要把薄书读厚、厚书读薄,出入其中,真正理解隐藏在书中的精髓。做学问就是为了和实践相辅相成,要把知识读活,应用于生活中,为社会造福。

有些人读书没有具体的目的,也没有具体的要求,他们东翻翻西翻翻,一点紧迫感和压力都没有,如此,收获自然很小。只有确定了明确的目的,我们读书才会有紧迫感,才能做到思想集中、思维积极,从而大有收获。

有目标,才会有动力。几千年来,中国的知识分子一直把"修身齐家治国平天下"作为治学的最高理想,所以才会有"悬梁刺股"这样刻苦读书的故事。

东周时的苏秦少有大志，曾随鬼谷子学游说术多年。后辞别老师，下山求取功名。他周游列国，向各国国君阐述自己的政治主张，希望能施展自己的政治抱负。但没有一个国君欣赏他，苏秦只得垂头丧气、潦倒落魄地回到洛阳。

洛阳的家人见他如此落魄，都不给他好脸色，连苏秦央求嫂子做顿饭，嫂子都不给做，还狠狠训斥了他一顿。家人的态度让苏秦重新振作精神，苦心攻读。他看书疲倦想打盹时就用锥子刺自己的大腿，这样疼痛会使他清醒过来继续读书。"锥刺股"的典故便由此而来。

一年后，苏秦掌握了当时的政治形势，开始二次周游列国。这回，他终于说服了当时的齐、楚、燕、韩、赵、魏六国合纵抗秦，并被封为"纵约长"，做了六国的丞相。

我国著名地质学家李四光、数学大师苏步青、物理学家钱学森等，年轻时为了谋求富国强民的道路到国外求学。学有所成后，他们想到的不是个人的荣华富贵、安逸享乐，而是"天下兴亡，匹夫有责"的神圣使命。他们放弃了国外优厚的待遇，毅然回到了当时灾难深重、贫穷落后的祖国，用他们的真才实学改变着我国落后的面貌，为国家的强盛建立了不可磨灭的功勋。

徐宗文先生认为读书有三重目的：为知，为己，为人。为知，就是为了积累知识，增长学问、见识和智慧；为己，就是古人所说的修身正己，培养自己的人格、道德和情操；为人，就是热爱生活、勤奋工作，运用书中所学造福社会。

所以说，充实而有意义的人生，应该伴随着读书而发展。

3.勤奋将天分变为天才

【原文】

闲中不放过,忙处有受用;静中不落空,动处有受用;暗中不欺隐,明处有受用。

【大意】

闲暇的时候不能虚度光阴,要充分利用这样的宝贵时光,多学些东西,多做些事情,这样到忙碌紧张时对你会有很大的益处;安静的时候不能白白将时间消耗掉,要利用这段时间来思考问题,在做事的时候就会有条有理;独处的时候,要能够保持光明磊落的行事作风,既不产生邪念,也不做坏事,这样就能使你在众人面前受到尊敬。

"天才出自勤奋","一分耕耘,一分收获",古今中外莫不如此。

司马迁从38岁时开始写《史记》,直到60岁的时候才完成这部鸿篇巨制,历时22年;如果把他20岁后收集史料、实地采访等工作加在一起,这部《史记》花费了他整整40年时间。

李贺虽只活到了27岁,却留下了许多优秀的诗篇。他的成功在于积累,他总是随身携带着锦囊,一有灵感便记在纸上,放入囊中,晚上再将纸片拿出来整理。这一习惯为他积累了许多创作素材,使他成为了一个著名的诗人。

李时珍花了30余年的时间，读了八百多种书籍，写了上千万字的笔记，游历了7个省，收集了成千上万个单方，为了了解一些草药的解毒效果，他甚至亲身做实验，吞服一些剧烈的毒药，最后终于写成了中国医药学的辉煌巨著——《本草纲目》。

英国生物学家达尔文研究进化论花了22年时间，写出了《物种起源》一书。

爱迪生一生有一千多项发明。他为了发明电灯，阅读了大量资料，光笔记就有4万多页，他试验过几千种物质，做了几万次试验，才成功发明了电灯。

由此可见，勤奋将天分变为天才。没有任何才能不需要学习，不需要后天的坚持和奋斗。

中国近代史上的风云人物曾国藩建立了自己的不朽功业，但他的天赋却并不高。一天，年轻的曾国藩在家读书，一篇文章重复了不知多少遍，但还是背不下来。这时，他家来了一个小偷，潜伏在他家的屋檐下，希望等曾国藩睡觉之后再行动。可是等啊等，曾国藩还在那翻来覆去地读那篇文章，就是不睡觉。小偷大怒，跳下梁来说："这种水平还读什么书？"然后将那文章背诵一遍，扬长而去！

小偷很聪明，至少比曾国藩聪明，但他只是个小偷；曾国藩虽然天赋不如小偷，但他经过勤奋苦读，成就了自己在中国历史上的丰功伟业。伟大的成功和辛勤的劳动是成正比的，有一分劳动就有一分收获，日积月累，从少到多，奇迹就可以创造出来。

对一个人来说，才能的养成需要后天的勤奋学习；对一个企业来说，它的竞争力和优势同样在于不断地学习。

通用电气公司(GE)能成长为一家世界顶级的企业,靠的就是不断地学习,不断地以全球公司为师。

在韦尔奇执掌GE的20年里,GE的发展达到了很高的高度,但韦尔奇却一直强调GE是一个无边界的学习型组织,一直以全球的公司为师。他经常强调说:"很多年前,丰田公司教我们学会了资产管理,摩托罗拉推动我们学习六西格玛管理,思科和Trioloy帮助我们学会了数字化。世界上商业精华和管理才智都在我们手中,而且,面对未来,我们也要这样不断追寻世界上最新最好的东西,为我所用。"

GE之所以能成为赫赫有名的"经理人摇篮""商界的西点军校",给企业界培养了超过1/3的CEO,除了严格的人才淘汰体制,最重要的就是这种无边界的学习型组织。在这样的组织下,每一个经理人无时无刻不在自觉地精心雕刻自己,从专业知识到职业技能,从管理手段到说话方式,从画好一张表格到接好一个电话,写好一份电子邮件,到日常生活的一点一滴,目的是随时能够接受更高的挑战。正是因为坚持不断的学习,才使GE能以最好的姿态和实力去迎接市场的挑战,从而创下了连续20年盈利的辉煌。韦尔奇的这些管理原则,不但使GE成为了强大而备受尊敬的公司,也为管理界留下了很好的典范。

在竞争越来越激烈的市场环境下,一个企业只有不断地接收新的资讯、技术和管理理念与方法,才能保持常胜常新,取得竞争的胜利。而要做到这一点,不断地学习是最重要和最佳的途径。

20世纪80年代晚期,英国汽车制造厂商Rover陷入了发展的困境:内部管理混乱,产品质量江河日下,劳资矛盾恶化,员工士气低落,每年的亏损超过一亿美元。在许多人看来,公司的前景一片黯淡。而仅仅是几年之后,Rover便摇身一变,成为了全球最富生命力的汽车制造厂商之一,汽车全球销量几乎增长了一倍,产品的质量也极为优异,几乎囊括了业界所有的质量奖。它的豪华系列车型一跃成为新的"马路之皇",而Rover600则跻身世界最畅销的汽车排行榜。在北美和亚洲,其产品供不应求。到1996年,年产汽车达到500多万辆,销往全球150多个国家和地区,年销售额超过80亿美元。在全球汽车市场刚刚复苏的1993~1994年,Rover的销售额竟增长了16%,不仅一举扭转了巨额亏损的局面,而且盈利颇丰,人均创收增长了4倍。与此同时,员工的满意度和生产率也创下了历史新高,并且持续高涨。这与几年前的境况简直是天壤之别,为什么?

Rover重振雄风的秘诀,就在于公司领导层致力于让公司成为学习型组织的努力。20世纪80年代末期,格林汉·戴维被任命为Rover集团董事会主席。上任伊始,他就深切地感受到了全球汽车业动荡的环境给Rover带来的巨大压力:日益激烈的全球竞争,新技术日新月异,高素质人才的匮乏以及顾客对产品的挑剔等。戴维和其他高层管理者认为,面对群雄纷争的全球汽车市场,Rover这只小鱼如果游不快,就会葬身鱼腹,只有奋力拼搏,他们才能有望在激烈的市场竞争中得以生存和发展。凭着对企业的透彻了解和远见卓识,戴维先生认为,除了成为学习型组织,不断充实和更新自己,Rover别无选择。正是在戴维的领导之下,Rover对旧体制进行了彻底的改造,使公司一变而成为了全新的学习型组织,从而实现了自己业绩的飞跃。

根据有关机构的统计研究,大型企业的平均寿命不及40年。总结正反两方面的经验,我们不难发现,大部分公司失败的原因在于组织学习的障碍,这严重妨碍了组织的学习及成长。对一个企业来说,在竞争激烈的市场中,比竞争对手学得更快的能力是唯一持久的竞争优势。只有在学习中全面提升竞争力,建立市场优势,才能使自己立于不败之地。

4.学以致用

【原文】

善读书者,要读到手舞足蹈处,方不落筌蹄;善观物者,要观到心融神洽时,方不泥迹象。

【大意】

会读书的人,要能读到心领神会,充分理解书中的乐趣、精髓,才不会因陷入文章词句中而受语言的拘泥,局限于窠臼之中不去;一个真正擅长观察事物的人,必须把全部精神都注入事物当中,跟事物结合成一体,才不至于被事物的表面形迹所迷惑而不明白真相。

学以致用之所以重要,是因为现实生活中有很多人不能把知识和实践结合起来,不能充分发挥知识的力量。知识只有在实践中才能发挥出巨大作用,这也是获取知识的关键所在。

清朝有一个姓张的读书人。他讲古书时可以滔滔不绝,讲得头头是道,可若让他去处理实际问题,他却总是表现得很糟糕。

有一天,他得到了一部兵书,如获至宝,把自己关在家里读了好几天,自以为熟通兵法。正好赶上一群土匪聚众生事,于是他招集乡兵,前去平乱。可当他按兵书上所说的作战示意图行事时,却没有取得他预想的效果。在初次交锋中,他被土匪击溃,自己还险些被土匪抓走。

后来,他又得到了一部关于水利方面的书。对此书进行了一番研究之后,他自认为可以把所有土地变成良田,便让人按他设计的图纸兴修水利,结果水从四面八方的沟渠流进了村里,险些淹没了全村。

众所周知,伯乐是以相马闻名于世的。后来,他把自己的相马经验写成了一本《相马经》。他的儿子看过此书后,乐不可支,认为自己也会相马,便出门寻马,结果却相回来一只大蛤蟆。伯乐哭笑不得,问他怎么相的。他儿子说:"你的《相马经》不是说,骏马的特征是'隆柔蛁口,蹄如累鞠'吗?"

这个故事听起来让人捧腹大笑,却也发人深省,它嘲讽了那些一切以书为法的读书人。那些书呆子不能将书本知识应用在实践中,不知道把学与用结合起来,因此常在关键时刻误大事,酿成大祸,战国时期的赵括便是著名的例子。

赵括是赵国名将赵奢的儿子,小时候就酷爱兵法,谈起用兵的道理来头头是道,自以为天下无敌,连他父亲也不放在眼里。长平之战,赵孝成王误中秦国的反间计,不顾众人反对,撤下作战经验丰富的廉颇,起用毫无作战经验的赵括。自恃才高、目中无人的赵括虽然熟读兵法,却不会临阵应变,一到长平就被白起引进了预先埋伏好的陷阱,被围困了40多天。最后,赵括带兵想冲出重围,秦军万箭齐发,赵括被乱箭射死。赵军听到主将被杀，纷纷扔掉武器投降，40万赵军的性命就这样被纸上谈兵的主帅赵括给断送了。

"尽信书不如无书"，读书不能死记硬背，做纸上谈兵的谈客，而应当领悟其中精髓，真正做到学以致用。

5.远离一切和目标无关的东西

【原文】

人心有部真文章，都被残编断简封固了；有部真鼓吹，都被妖歌艳舞湮没了。学者须扫除外物，直觅本来，才有个真受用。

【大意】

人的心中生来就有一部好文章，却被内容不健全的杂乱文章给封闭了；人的心灵深处生来就有一首美妙的音乐，却被后天的妖邪歌声和艳丽舞蹈给迷惑了。所以说，一个真正有才学的读书人，需要排除一切外来物质的引诱，用智慧来寻求自己的天性。只有这样，才可能得到终生受益的真正学问。

兴趣广泛者，能够学到多种多样的知识，但需要注意的是，必须坚守自己本来的志向，坚持不懈地向自己认定的目标前行。

慧远禅师年轻时喜欢云游四海。有一次,他遇到了一个嗜好吸烟的行人。两人一起走了很长一段山路,然后坐在河边休息,行人给了慧远禅师一袋烟,慧远高兴地接受了行人的馈赠。两人一边抽烟,一边聊天,谈得十分投机,分手前,行人又送给慧远一根烟管和一些烟草。

待行人走远,慧远突然想到:烟草这种东西令人十分舒服,肯定会干扰我的禅定,时间长了一定难以改掉,还是趁早戒掉为好。于是,他随手一挥,把烟管和烟草全部扔掉了。

之后,慧远又一度迷上了书法。他每天钻研,居然小有成就,几个书法家都对他的书法赞不绝口。但慧远转念想到:我又偏离了自己的正道,再这样下去,我可能成为一个书法家,但永远也成不了禅师。于是,他再次收束心性,一心参禅,远离一切和禅无关的东西,终成一代宗师。

每个人都应该有一个爱好。无论是禅者的修行,还是普通人的生活,培养一定的兴趣爱好,陶冶情操,不是什么坏事,但"业精于勤,荒于嬉",玩物容易丧志,所以千万不可沉迷其中。慧远为我们做了个好榜样:明白自己的目标固然可贵,但更可贵的是为了成就目标而坚持不懈的精神。一旦发现自己的所作所为偏离了目标,就应该做到知非即舍。

一个人要想在某一领域内成为大师,就必须专注于此项目标,不能因为外界的诱惑而改变自己的初衷。这就好比走路的时候遇到了很多分岔口,如果偏离主路,去走那些分岔路,你就会离你的目标越来越远。

我们在生活或工作中,必须有一个明确的目标。如果你想成为一名音乐家,你就必须每天专注于研究乐理,研究曲谱,勤于练习,有一项自己擅长弹奏的乐器;如果你想成为一名设计师,你就必须把自己的精力放到艺术设计方面,勤于绘画,平时多看一些艺术作品,汲取灵感,还要在生活中时刻保有一双善于发现的眼睛,时刻收集艺术方面的元素,用于创作。当然,兴趣爱好还是要有的,比如说业余可以练练书法、唱唱歌、跳跳舞,这是对心灵的一种放松,只不过,不要把业余爱好提升到你的目标之上,否则,就会影响你前进的步伐。

专注是每一名成功者都必须具备的素质。你想成为一个什么样的人,就要去做什么样的事,如果偏离了这些事,你就会越来越不明白生活是什么,也不知道自己活着的意义。目标明确,不被别的东西所束缚,你才可能有所成就。一个没有明确目标或者随时都可能改变目标的人,是不可能有所成就的。

6.世上没有一蹴而就的事业

【原文】

绳锯木断,水滴穿石,学道者须加力索;水到渠成,瓜熟蒂落,得道者一任天机。

【大意】

如果用绳索当锯来锯木头,时间久了也可以将木头锯断,水滴落在石头上,时间久了也可以穿透坚硬的石头;同样的道理,人在做学问的时候,只有坚持不懈地努力才能够有所成就。几条小河中的水汇集在一起自然能形成一条较宽的河流,瓜果成熟后,自然就会从枝头掉落;同样的道理,修行学道的人也只有遵守自然规律才能修成正果。

求学问道不是一蹴而就的事,要想学有所成,需要长期积累并勤加练习。只有坚持如一地朝着目标做下去,才能到达水到渠成、瓜熟蒂落的那一天。"只要功夫深,铁杵磨成针"说的就是这个道理。

每一条黄河鲤都想跃过龙门,因为只要跃过龙门,它们就会立刻变为超凡入圣、腾云驾雾的巨龙。

可是,龙门实在太高了,数万年来,只有几条黄河鲤跃过了龙门。其余的黄河鲤累得筋疲力尽,碰得头破血流,却只能望龙门而兴叹。这天,它们集合起来,一起向佛祖祷告,求他发发慈悲,把龙门降低一些。还说如果佛祖不答应,它们就跪在地上不起来。结果,它们真的一连跪了九九八十一天!佛祖终于被感动了,为了照顾大多数黄河鲤,佛祖把龙门的高度降到了最低限度,以确保每一条黄河鲤都能跃过。

黄河鲤们一边高呼"佛祖万岁",一边轻轻松松地跃过龙门,并相继拥有了它们梦寐以求的龙身。

但是,它们不久后发现,大家都变成了龙,跟以前做鲤鱼的时候也没什么不同。于是,它们再次集合起来向佛祖祷告,问佛祖为什么自己做了龙却没有做龙的感觉。

佛祖即刻现身,说:"真正的龙门怎么会降低呢?你们要想体会真正的龙的感觉,还是回去重新跳那个没有降低高度的龙门吧!"

成功路上没有捷径,自欺欺人的结果只能是自食苦果。世上的成功者,就像跃过龙门的鲤鱼,必须经过千辛万苦,不断磨练,才能化身为龙。如果猴子穿上衣服就能变成人,这个世界岂不是乱了套?面对现实吧!若大家都成了龙,反倒没什么稀罕了。

天下没有免费的午餐,事业的成功、智慧的积累都需要血汗的付出和不断的磨练。没有地基的空中楼阁难以矗立晴空,世上也没有能够一蹴而就的事业。如果你还在想一夕致富、瞬间成名，却不懂得努力勤奋、循序渐进，那么你迟早会毁于那些不切实际的梦幻。

德国著名画家门采尔，勤奋刻苦，一生中不停地作画，素描画了上千张，速写也有上万张，他在创作上极其认真，有的作品从构思到完成，竟用了几年时间。因此，他在画坛上很有声望，他的作品一上市就会引起大家的争抢。

当时有个青年画家，他画得很快，并以此向人夸耀，但他的作品却少有人问津。为此，他感到很苦恼。一天，这个青年专门去拜访门采尔，向门采尔诉苦说："我觉得画画很容易，我一天可以画一幅画，可为什么卖掉却那么难呢？差不多需要一年！"

门采尔听完这番话就笑了，他对年轻人说："小伙子，你不妨倒过来试一试：用一年的时间好好地画一幅画，到时，你一天就能卖掉它。"

青年听了，果然认真仔细地花了整整一年时间画了一幅画，结果不到半天就卖出去了。

人的时间、精力有限，想要用有限的时间、精力创造出人生最大的成功，就必须专心致志、坚持不懈地去做。选择恰当的目标，然后踏踏实实地去做，不要被别人的成功晃花眼睛而争一时之长短、计一时之荣辱，更不要被眼前的蝇头小利所迷惑。只要能坚持下去，你必定会有所收获。

成功不是上天注定的，如果你想获得成功，想和别人拥有一样的生活和地位，就要靠自己的努力去争取。但凡取得了一些成就的人，都是靠自己艰辛的努力换来眼前的一切，没有哪一个能通过投机取巧、坑蒙拐骗的方式取得成功。我们为什么要上学，而且必须十年寒窗，其实就是为了给未来的发展打下一个良好的基础。成功需要一个过程,需要一些考验,没有这些做前提,即使你获得成功,也无法长久。就像盖一栋房子,如果不打好地基,房子总有一天会倒塌。所以,不要再用幻想来构建自己的梦想了,只有脚踏实地的努力才能让你获得别人的赞许和欣赏。

7.活到老,学到老

【原文】

凭意兴作为者,随做则随止,岂是不退之轮;从情识解悟者,有悟则有迷,终非长明之灯。

【大意】

人如果仅凭一时冲动和兴致去做事,就不会坚持到最后,因为激情和兴致一过,就再也不能坚持下去了,这样是难以长久奋发上进的;从情感出发去领悟真理的人,有能领悟的地方,也会有被感情所迷惑的地方,毕竟情感不是一种永久光亮的引导明灯。

学习使人进步,这是每个人都知道的道理。对于普通人而言,找点时间学习很容易办到,而对于一个政务繁忙的人来说,就不那么容易了。康熙执政61年,却能一直坚持学习,博览群书,这在中国诸多皇帝中是非常少见的。

康熙从小就养成了读书的好习惯，做了皇帝后依旧好学不倦。从中国的四书五经、辞章、历算等传统文化，到西方的人文、地理、医学、几何等自然科学知识，他无不进行研读，对儒家的经史子集更是情有独钟。他的御书房里，摆满了各种书籍，其中有很多还是他亲自主持编纂的，如《数理精蕴》《康熙字典》《律旨正义》等。正如他在《庭训格言》中所叙："朕自幼好看书，今虽年高，犹手不释卷。诚天下事繁，日有万机，为君一身处九重之内，所知岂能尽乎！时常看书，知古人事，靡可以寡过。"从他的话中可以看出，他读书的目的不是为了附庸风雅、炫耀知识，而是"于典籍训诂之中，体会古帝王孜孜求治之意，即欲使古昔治化，实现于今"。身为一国之君，他为求治国之道，使自己少犯过错，常以古今义理自悦，数十年如一日，不知疲倦。

康熙认为，在马上可以得天下，但不能在马上治理天下，如果不钻研儒家思想，不通晓"帝王之学"，便不能有效地治理天下。正是在这种理念的支持下，即便是严冬酷暑，他都能坚持学习。康熙五十一年(公元1712年)，他下令将朱熹的灵牌入祀孔庙，让其进入"十哲"之列。他以理学为其制定政策、驾驭群臣、教育百姓的理论基础，在这种思想的指导下，他重用了一批理学名儒。如重用理学家李光地，责成他编成了《朱子全书》和《性理精义》，鼓吹程朱"存天理、灭人欲"和"忠孝节悌"等理学要义。

对于外来文化，康熙也抱持着积极态度。对于自明末开始传入中国的西方先进科学技术，他表现出了极大的关注；对于只要不犯法度而又精通科技的西洋人，他都积极加以任用。

他曾任用比利时传教士南怀仁作为自己学习天文和数学的启蒙教师。在那段时间内，他学到了天文历算的基础知识，了解了当时天文学的最新研究成果。另外，他还曾向法国传教士白晋、张诚学习过几何、代数、三角等课程。他不仅自己学习，还积极组织数学家编写

《律历渊源》和《数理精蕴》，为传播西方科学技术作出了贡献。

除此以外，康熙对音乐、美术也很感兴趣。根据法国传教士白晋的回忆，康熙曾经学习过西洋乐理，并且能够演奏西洋乐器。为了更好地学习，他仿效法国科学院，在宫中建立了有画家、雕刻家、制造钟表和天文仪器的工匠等人参加的科学院，还曾经举办过西方美术作品展览。

康熙勤奋好学、读书不倦的精神，不仅给了他文治武功的能力，也陶冶了他的情操，使他成为了我国历史上一位功业卓著、名垂千古的帝王。

做学问的方法多种多样，集中起来，无非就是"有恒"二字。能否做到"有恒"，是决定一个人事业成败的关键。

汉代的王充，是通过敏而好学、刻苦努力而成功的。王充，东汉时会稽上虞人，出身于"庶门孤族"，没有什么家底，日子过得很清贫。在《论衡·自纪篇》中，王充这样叙述自己的青少年时代：童年时与其他儿童游戏，不随便打闹，"侪伦（指小伙伴）好掩雀、捕蝉、戏钱"，"充独不表"。

王充15岁时到京师雒阳进太学深造，开阔了眼界，但太学里的学习并不能使王充感到满足。《后汉书·王充传》说他"好博览而不守章句"，即学习时不拘于经典词句，而是广读群书。由于家境贫寒，买不起书，他经常到雒阳的书肆中看书。在热闹的街市里，他也能全神贯注，甚至暗暗背诵下特别好的词句。王充学成之后，感到自己在仕途上不会有太大的成就，便回到家乡，一面授徒讲学，一面自己著述。

王充所处的时代，虽然表面上比较平静，但实际潜伏着各种社会危机，阶级矛盾也在不断激化。当时社会上谶纬之学大盛。谶，就是伪造上天所谓的文书，其中有预言、启示之类；纬，就是用天人感应的神学理论去注解古籍。显然，这种谶纬学说充满了各种迷信的荒诞之说，其影响所及，使"众书皆失实，虚妄之言胜真美"。王充对此"疾之无已"，因而奋笔著书。针对当时思想界的问题，他写下了《大儒》《讥俗》《节义》《政务》《论衡》《养性》等书。现在保存下来的只有《论衡》一书。《论衡》分30卷，85篇（现存84篇），约30万字，这是王充从34岁开始，前后用30多年时间写出的一部充满战斗精神的唯物主义哲学巨著。

《后汉书·王充传》说他在写这部书时闭门谢客，拒绝一切婚丧庆吊的应酬。他卧室的书架上，到处放着笔砚、刀和竹木简，一有什么想法就随时记下来。王充解释《论衡》这一书名时这样说："论衡者，所以铨轻重之言，立真伪之平。"就是衡量言论得失和真伪之作。在这部巨著中，王充在对已成为官方思想的汉代唯心主义哲学和神学迷信进行系统的批判中，展现了大无畏的精神。同时，他又对先秦以来的主要思想流派进行了评论，从思想的承继关系中，对汉代思想作出了总结。

王充晚年生活困苦，直到71岁去世时也没有多少人知道他的著作。到东汉末年，经过蔡邕、王朗等人的整理，这位伟大而杰出的古代唯物主义思想家的著作才得以流传后世，成为伟大而宝贵的民族文化遗产。

王充一生从来没有中断过学习，他所取得的成就，验证了活到老、学到老的重要意义。

经过几千年累积的知识是浩瀚无垠的，我们所学到的不过是沧海一粟。同时，知识无时无刻不在以很快的速度更新，我们能够掌握的实在很少，若不能长期持之以恒地学习，很快就会感到知识匮乏。骄傲自满，自以为已经掌握了足够的知识，对人们的学习来说是个致命的错误。

　　人的一生都应该不断地学习新东西,学习是一辈子的事,没有年龄阶段的限制。正因为这种孜孜不倦的学习精神,所以随着年龄的增长,人们对于世事才会有更高的明悟。

　　有时候,面对不断变化的世界,人们常常以为自己已经触到了事物的边界,而事实上,你只要轻抬贵足,跨上一步,就会发现自己离事物真正的边界还很远。

　　曾经有人对爱因斯坦说:"您可谓是物理学界空前绝后的人才了,为什么还要这样艰苦地学习呢?"爱因斯坦笑了笑没有说话,而是找来一支笔、一张纸,在纸上画上一个大圆和一个小圆,然后说:"在物理学这个领域里, 我可能比你懂的多一点。好比说这个小圆就是你,而我则是这个大圆。然而,整个物理学识是无边无际的,小圆周长小,所以与未知领域的接触面小,他感受到的未知就少;而大圆与外界接触的周长大,所以会更深刻地感觉到自己的无知,从而更加努力地去探索。"

　　过去的成绩仅仅代表过去,我们应当注重的是未来。人应当在进步中体会自己的人生价值,体会人生的快乐,从求知中获得自我的幸福和满足,所以,学习是一辈子的事情。人类社会越文明,作为个体的人,一生中需要学习的东西也就越多。

　　人生就像一列车,唯有不停学习,才能使生命的车轮不停前进,感觉到生命的动力,从而品尝到生命成长的喜悦;不学习的人生,就像列车抛锚一样,停在原地不动,只会慢慢生锈而已。

第十章

闲看庭前花开花落,漫随天外云卷云舒

1.始终保持一颗平常心

【原文】

荣辱不惊,闲看庭前花开花落;去留无意,望天上云卷云舒。

【大意】

得到恩宠还是受到侮辱,都不在意,只悠闲地看庭前花开花落。无论被晋升被贬谪都不去在意,安闲地观看天上浮云的随风聚散。

不以物喜,不以己悲,是一种大智慧。

塞翁失马,焉知非福?有时候将得失看得太重,就会失去平常心,

这样反而不美。

前秦氐族人苻朗所撰《苻子》记载：传说夏王太康时，东夷族的首领名叫后羿(并非尧帝时射日之后羿)，是一位百步穿杨的神射手。夏王听闻后，非常欣赏他的本领，便派人招他入宫来给自己表演。

夏王带他到御花园里找了个开阔地带，叫人拿了一块一尺见方、靶心直径大约一寸的兽皮箭靶，用手指着说："今天请先生来，是想请你展示一下精湛的本领，这个箭靶就是你的目标。为了使这次表演不至于因为没有竞争而沉闷乏味，我来给你定个赏罚规则：如果射中了的话，我就赏赐给你黄金万两；如果射不中，就削减你一千户封地。现在，请先生开始吧。

后羿听后脸色不定，呼吸紧张局促，调整了好一会儿才引弓射箭，没想到竟然没有射中。如此，后羿变得更加急躁了，他再次弯弓搭箭，结果却射得更偏了。

夏王对大臣傅弥仁说："这个后羿，原本是百发百中的，如今对他进行赏罚，反而射不中靶心，这是何故呢？"傅弥仁说："高兴和恐惧成为了他的灾难，万两黄金成为了他的祸患。若能抛弃自己的高兴和恐惧，那么，普天之下的人都不会比后羿的本领差了。"

后羿因为失去了平常心，所以没有得到他应该得到的，反而失去了他不该失去的。

人活在世上，无论贫富贵贱，都要和名利打交道。

乾隆下江南时游历金山寺，看到山脚下大江东去，百舸争流，便问高僧："你在这里住了几十年，可知道每天来来往往多少船？"高僧答："我只看到两只船。一只为名，一只为利。"这真是一语道破天机。

得失随意，宠辱不惊。平常心，虽然只是简单的三个字，却是人们难以跨越的一道鸿沟。六祖慧能曾说："本来无一物，何处惹尘埃。"这种超脱凡俗、超越自我的境界，正是对待平常心的深刻体悟。

用平常之心看待不平常之事，则事事平常。而在现实当中，许多人往往缺乏平常心，以名利作为追求的目标，以金钱和权力作为人生幸福的标准，为欲所惑，贪图享乐，最终陷入欲望的泥沼而无法自拔。

1977年，年仅23岁的围棋选手林海峰在名人战中挑战坂田荣男，结果出师不利，首局败北。输掉先手后，林海峰失去了自信，于是，他去找师父吴清源请教。当时，吴清源对他说："你现在最需要的是要有一颗平常心。老天对你已经很厚待了，23岁就能挑战名人，这已经是多少人梦寐以求也达不到的成就了，你还有什么放不开的呢？"说完，吴清源还特意题写了一幅"平常心"的字送给他。林海峰因此大悟，随后连胜三局，四胜二负战胜了坂田荣男，成为历史上最年轻的名人。

林海峰后来还说，自那次之后，他再也没有因为输棋而难过。因为他关注的不再是输赢得失，而仅仅是围棋本身。

世人很难做到一心一用，他们穿梭在利害得失之中，被世间浮华宠辱所迷惑。他们在生命的表层停留不前，因此迷失了自己，丧失了"平常心"。要知道，只有将心灵融入世界，用心去感受生命，才能找到生命的真谛。

人们的欲望是无止境的，总是期望得到更多，我们不是圣人，做不到功名利禄一切随它去，但重要的是，我们是否能一直坚守自己的本心不失，不被"乱花"所迷。

2.以出世的心做入世的事

【原文】

居轩冕之中，不可无山林的气味；处林泉之下，须要怀廊庙的经纶。

【大意】

在朝为官的人，不能没有隐居山林淡泊名利的境界；而归隐山林的人，要有治理国家的志向和才能。

《菜根谭》是修身的奇书，奇就奇在它进可攻、退可守。进则建功立业，退则归隐田园，《菜根谭》的作者洪应明就是这样做的。他在退隐之中，不忘著书立说，为人类创造精神财富。

洪应明在《菜根谭》中直抒胸臆："宇宙内事，要力担当，又要善摆脱。不担当则无经世之事业，不摆脱则无出世之襟期。"意思是，世上的一切事情，要勇于承担，又要善于摆脱。不承担的话就没有立世的资本，但是如果一直深陷世俗生活，就又会丧失脱离尘世的情怀。身处名利场中，应懂得休闲放松，然后以更充沛的精力投入到工作中去。如果你有非凡的才能，为什么不贡献于社会呢？我们应"以出世的心态做入世的事情"，即用出世的态度或精神来做入世的事业。

"入世"就是把现实生活中的利害、得失、恩怨、情仇、成败、对错等作为做人做事的基本准则，做事谋生，积极主动，用有限的人生追求无限的成就。当一个人入世太深，陷入烦琐的事物之中，把实际利益看得过重,难以超脱出来冷静全面地看问题时,就需要有点出世的精神。

"出世"就是做人不能太拘泥于现实、苛求利益,要以平和的心态对人对事,既要全力以赴,又要顺其自然。站得高一点,看得远一点,对有些东西看得淡一些,这样才能排除私心杂念。以这种出世的精神去做入世的事业,必定事半功倍。我们活在现实中,要生存,要讲入世,但我们精神上要出世,要保持内心的平静。

做人首先要有出世的心态,有了出世的心态,知道人生的一切不过是过眼烟云,就会把身外之物看淡,变得豁达、潇洒、了无牵挂。但如果只停留在这一层面,那就未免有点"消极"了——如果只是一味地出世,一味地冷眼旁观,而不想去做一点实际的、入世的事情,到头来只能是空耗日月。所以还要入世,尽自己最大的努力去做事,这不仅仅是为自己,也是为他人。

张载和程颢都是北宋的儒学大师。有一回,张载向程颢提了一个问题:人们在安静时容易做到心性不乱,但一旦遇到事情和压力,就很容易失去方寸,应该如何让一个人在忙忙碌碌之中保持从容自得、心性不乱呢?

程颢觉得他的问题问得很好,便专门写了一篇文章回应张载。他认为,人们之所以一遇事便乱,是因为太在意事物的结果,这种在意,让人们对于外界的因素过于敏感,心情时刻随外界的波动而波动,以至于一遭遇挫折或失败,心情就会惶恐。

要真正做到不为外物所累,就要提升我们自身,开阔我们的心胸。如果我们的胸怀博大到足以容纳所有事物,自然就能够做到"静亦定,动亦定"。这篇文章便是后世广为流传的《定性书》。

世间之事总是摆脱不了恩怨、情仇、得失、利害、成败、对错。正所谓"当局者迷，旁观者清"，有的时候，我们太过于注重得失成败，不但没有丝毫益处，反而会因为患得患失出错。相反，若是能够看淡得失，排除私心杂念，以出世的精神去做入世的事业，反而会事半功倍。

　　一天，一个大户人家的庭院中，两人仆人正在闲聊。

　　仆人甲问："为什么每天看到你都是心事重重的？"

　　仆人乙叹了口气说："我每天做那么多事，总是会担心要是做不好或做错了该怎么办。你呢？你为什么每天都这么从容呢？"

　　仆人甲答："因为我从来都不担心。"

　　两人的对话正好被路过的主人听到了，主人心想：仆人乙每天担心事情做不好，说明他用心了；仆人甲从来都不担心，说明他没有把事情放在心上。他心中暗暗地赞赏仆人乙，对仆人甲则有些不满。因此，他决定要重赏仆人乙。

　　于是，主人到后院找自己的夫人，对她说："一会儿我会派人去给你送酒，你一定要重重赏赐那个送酒的人。"夫人虽然不明白他的意思，但还是答应了。

　　接着，主人把仆人乙招来，随手拈来自己喝过的半杯酒说："你把这半杯酒给夫人送去。"

　　仆人乙接过酒后，心中暗自琢磨："主人府上的酒有千万桶，为什么让我把这喝剩的半杯酒送给夫人呢？夫人看了会发火吗？"由于他心不在焉地想着事情，结果一不留神撞在了门外的立柱上，脑袋上顿时被磕出了个大包。

　　仆人乙本来就担心自己给夫人送酒会被斥责，现在这副鼻青脸肿的样子去见她就更加失礼了，说不定夫人会把自己直接赶出家门。可是不去的话，又怕主人怪罪自己。恰巧这时，仆人甲过来了，于是他恳请仆人甲帮忙把酒给夫人送去。仆人甲没有多想，便接过了酒杯。

后院里，夫人正在等候送酒之人，见仆人甲送酒来，就将所有的赏赐都给了他。

现实生活中，凡是那些整天想着功成名就的人，生活大多十分辛苦。他们一天到晚为了名利，在世俗尘劳中辗转沉沦，弄得自己吃也不得安宁，睡也不得安宁。一个人入世太深，久而久之，当局者迷，就会陷入繁琐的生活末节之中，把实际利益看得过重，注重现实，囿于成见，难以超脱出来冷静全面地看问题，如此，也就难有什么大的作为。所以，我们需要一点出世之心，顺其自然，以平和的态度对待事物，不要苛求结果的完美。

当然，所谓出世并不是彻底隔离世间。我们所提倡的出世，是一种态度，是解放你的思想，是为了更好地入世，更好地面对世间的一切事物。

世事纷纭，易生浮躁，我们要以超然的心态做事谋生。跳出自我，超越自我，才能更好地看清自我，以出世的心态做入世的事。我们应在"出世"和"入世"之间保持平衡，在事业、家庭、个人修为之间达到和谐，这样即使不能大成，也会收获快乐的人生。

3.万事随缘,顺其自然

【原文】

释氏随缘,吾儒素位,四字是渡海的浮囊。

【大意】

佛家讲求随着因缘顺应自然,儒家主张要谨守自己的
本分,"随缘素位"四个字是渡越苦海的救命浮囊。

"随遇而安,顺其自然",这好像是现代人非常爱说的话,并奉其
为做人的圭臬。生活中,许多时候我们越是强求某人某物,越是得不
到。此时,就应凡事随缘,不去刻意强求。

"随缘"中的"随"不是跟随,而是顺其自然,把握机缘,不怨恨、不
急躁、不强求、不过分。随是一种达观,是一种洒脱。缘是什么?世间
万事万物皆有相遇、相随、相乐的可能性,有可能即有缘,无可能即无
缘。"随缘"不是因循苟且地随便行事,而是随顺当前的环境因缘,从
善如流。

一所禅院里,草地已是一片枯黄,小和尚看到了,焦急地对师父
说:"师父,快撒点草籽吧!"

师父不慌不忙地说:"不必着急,空闲时我去买一些草籽撒上,急
什么呢? 随时!"

过了一段时间,师父买来了草籽,交给小和尚,说:"去把草籽撒
在地上吧。"

小和尚一边撒,草籽一边随风飘走了不少。小和尚十分惋惜,师父劝慰他说:"没关系,吹走的多半是空的,撒下去也发不了芽。担心什么呢?随性!"

草籽撒完后,许多麻雀飞过来专挑饱满的草籽吃。小和尚看见了,又惊慌地说:"这下完了,草籽都被小鸟吃了!"

师父坦然地说:"没关系,草籽那么多,小鸟是吃不完的!"

这天夜里,忽然下起了大雨,小和尚暗暗担心草籽会被冲走。第二天清晨,他跑出去一看,发现地上的草籽果然都不见了。于是他懊丧地对师父说:"师父,昨晚的大雨把地上的草籽都冲走了,怎么办才好?"

师父从容地说:"草籽被冲到哪里就在哪里发芽。随缘!"

不久,许多青翠的草苗破土而出,原来没有撒到的一些地方居然也长出了嫩芽。小和尚高兴地对师父说:"师父,太好了,我种的草长出来了!"

师父听了,点点头说:"随喜!"

上例中的禅师懂得凡事随缘,不去刻意强求,反倒因此别有一番收获。

当我们遇上难越的坎、难过的关时,与其百般思量,不如顺其自然,反倒能够柳暗花明。无论缘分有多深多浅、多长多短,得到就是一种福分。人生苦短,缘来不易,我们应该好好珍惜,并洒脱地对待生命中的每一个人、每一段缘。

林徽因堪称旷世才女,她曾经被才子徐志摩苦苦追求,但后来嫁给了梁启超的儿子、著名的建筑学家梁思成。

1931年,梁思成从外地回来,林徽因很困扰地告诉他:"我现在很苦恼，因为我同时爱上了两个人，不知道该怎么办才好！"梁思成非常震惊，他知道另外一个人是金岳霖，一种无法形容的痛苦涌上心头。他一夜无眠，翻来覆去地想：徽因到底和谁在一起比较幸福？他虽然觉得自己在文学、艺术上有一定的修养，但金岳霖作为著名的哲学家、逻辑学家及教育家，自己是远远不及的。

第二天，他平静地告诉林徽因："你是自由的，如果你选择了老金，我会祝福你们。"后来这些话传到了金岳霖的耳朵里，金岳霖回复林徽因："看来思成是真正爱你的，我不能伤害一个真正爱你的人，我应该退出。"从此，他们再也没提过这件事，三个人仍旧是好朋友，有时梁思成和林徽因吵架，金岳霖总是想方设法让他们重归于好。

梁思成和金岳霖是真正领悟了爱情真谛的人，他们能尊重所爱之人的选择，给爱人自由。这种宽广的心胸和洒脱的性情让人肃然起敬。

爱随缘，静观缘起缘落，静待缘聚缘散。只有懂得爱随缘，才不会因缘起爱至而欣喜若狂，也不会因缘尽爱去而痛不欲生，更不会疯狂追求，勉强示爱，给对方或自己带来不必要的伤害。我们起码应该学会如何去爱自己所爱的人。当爱情无缘时，不如洒脱放手，让对方更幸福，同时也让自己更轻松。

随缘，是一种洒脱，是一种成熟，是对现实正确、清醒的认识，是对人生彻悟之后的精神解脱。拥有一份随缘之心，你就会发现，岁月天空无论是阴云密布还是阳光灿烂，人生之旅无论是曲折多艰还是顺利畅达，心中总是会拥有一份平静和恬淡。

4.心若静,处处皆风景

【原文】

静中念虑澄澈,见心之真体。

【大意】

在平静中,意念思虑清澈不染,可以看出心性真正的

本源。

俗话说"静以修身"。静既指内心的平静、平和,不患得患失,又指外部环境的安静、和谐。静源于理性,但静又是生产理性的前提,静给人提供了反思自我的机会。

自我修养的玄机在一个"静"字。当一个人心静如水时,其心境就如明镜般一尘不染,考虑事情时思路也会格外清晰。静让人安于本分,不至于随波逐流。心静才能追求永恒,静是实现人生价值的根本。

拥有平静的心态,能使人看穿迷茫而清醒地认识自我,寻找内心的宁静与安详。困惑与挫折,失落与忧虑,烦躁与不安,这些都只是人生中的小插曲,唯有平静的心能带给我们安宁和乐趣,它才是人生的真谛。对于每个人来说,平静的心态是非常重要的。平静是对人生、对社会呈现的一种境界,也是一种不可或缺的修身哲学。

唐代著名禅师慧宗酷爱兰花,因而在平日弘法讲经之余,精心培育了数十盆兰花。一天,他又要去远行弘法讲经,便吩咐弟子看护好兰花。在这段期间,弟子们很细心地照顾着兰花。不料,一天深夜,狂

风大作,暴雨如注,偏偏当晚弟子们疏忽,将兰花遗忘在了户外。第二天,弟子们望着倾倒的花架、破碎的花盆、憔悴的兰花,后悔至极。

几天后,慧宗禅师返回,众弟子忐忑不安地上前迎候,准备领受责骂和惩罚。谁知得知原委后,慧宗禅师泰然自若,神情依然是那样平静安详。他宽慰弟子们说:"我种兰花,一是希望用来供佛,二也是为了美化寺庙环境,不是为了生气而种兰花的。"就这么一句平淡无奇的话语,令在场的弟子们肃然起敬,如醍醐灌顶,备受感动。

禅师之所以看得开,是因为他虽然喜欢兰花,但心中却无兰花这个挂碍,因此,兰花的得失并不影响他心中的喜怒。既然事情已经出了,生气也没用,何必还要用生气乱了心情、坏了情绪呢?平和的人,其玄机在一个"静"字,"猝然临之而不惊,无故加之而不怒",冷静处人,理智处事,身放闲处,心在静中。

心灵深处如果平静如水、无风无浪,那么无论在哪里都有青山绿树的生长。《菜根谭》指出:"人心多从动处失真。若一念不生,澄然静坐,云兴而悠然共逝,鸟啼而欣然有会。何地非真境,何物无真机。"意思是,人心是因为容易浮动才失去纯真的本性,如果一点杂念都不生,清静祥和地坐着,和飘过的云朵一起消逝在天边,从雀跃的鸟声中领会自然的奥妙,那么人间哪里不是仙境?何处不蕴含着自然的机趣呢?

心性原是不受任何拘束的,只是因为太浮躁,所以失去了真性。只要心中没有杂念,保持宁静的心情,就可以和白云一起飘游到天边,领略大自然的千般美景。生活中处处充满玄机,处处都是真境,关键在于我们能不能去领会。

我们选择不了生命,但我们可以选择生活的方式,在喧嚣中独守一片平静,在繁华中坚持一份简单。在闲暇时光,随意捧一本爱看的书,细细回味幽幽冥想,享受淡淡的恬静与优雅,安静地陶醉在书香气息里。

不为眼前功名利禄而费心劳神,荣辱皆不惊,得失不计较,心平如镜,宁静从容,我们就会活得轻松,活得充盈,活得有滋有味。

5.快乐不在于环境,在于心境

【原文】

世人为荣利缠缚,动曰尘世苦海,不知云白山青,川行石立,花鸟迎笑,谷答樵讴。世亦不尘,海亦不苦,彼自尘苦其心尔。

【大意】

世人往往受到功名利禄的束缚,所以动不动就说尘世间就像无边苦海。然而他们却不知道,世界其实是白云笼罩下的青山翠谷,奔流河水中奇岩怪石,迎风招展的美丽花卉,呢喃歌唱的可爱小鸟,以及樵夫歌唱时的山鸣谷应之声。人间既非尘嚣万丈,也非苦海一片,只是人们使自己的心落入尘嚣、堕入苦海而已。

在日常生活中,我们经常会被各种烦恼所困:工作不好,没钱或没房,先进评比没分,受冤枉挨批评等。这时,如果能保持快乐的心境,你就能妥善对待、处理好这些事情;如果总是想不开,越想越气,你的言行就会出现反常现象，甚至为了一点小事大吵大闹、出言不逊，使自己的人品大为降格，人际关系受损。

人的心情总是会受到外界环境的影响，很多时候，我们都是心情的奴隶。很多事情是我们无法控制的，比如生老病死、挫折失败以及各种不幸的降临等，但我们可以调整自己的心态，选择自己的心情。无论如何，常用良好心态对待生活，一切都会变得简单、从容、快乐也会如影随形。

苏格拉底年轻时曾和几个朋友一起挤在一间不足十平方米的房间里，虽然环境恶劣，但他一天到晚都表现得很快乐。

有人奇怪地问他："人那么多，屋子那么小，你为什么还这么高兴呢？"

苏格拉底说："朋友们住在一起，随时可以交流思想、感情，难道这不是一件值得高兴的事吗？"

过了一段日子，朋友们相继成了家，先后搬了出去，小屋里只剩下苏格拉底一个人，但他每天仍然很快乐。

那人又问："现在只剩下你一个人了，多孤单呀，为什么你仍然很高兴呢？"

苏格拉底说："我和很多好书日夜相伴，这怎么不令人高兴呢？"

又过了几年，苏格拉底也成了家，搬进了一座楼里，他家住在一楼，条件很差，不安静，也不卫生。那人见苏格拉底还是很快乐的样子，就好奇地问："你住这样的房间，也感到很高兴吗？"

"是呀！"苏格拉底说，"住一楼有不少便利之处啊！你看，进楼就是家，不用爬楼梯；搬东西很方便，不必费很大的劲儿……特别让我满意的是，可以在楼前楼后的空地上养一丛一丛的花，种一畦一畦的菜。"

后来，那人见到了苏格拉底的学生柏拉图，问他说："你的老师总是那么快乐，我却感到不太理解，他所处的环境并不是很好呀？"

柏拉图回答说："老师曾说过：'一个人快乐与否，主要的不在于环境，而在于心境。心境好，在不好的环境中也能快乐；心境不好，在好的环境中也无法快乐。'由于我的老师总是拥有快乐的心境，所以他总是快乐的。"

面对上天给予的种种恩赐与考验，怜爱与不公，我们或许无法改变事实，却可以用一种好心态来面对它。

一位女作家在纽约街头遇到了一位卖花的老太太，她穿着破旧，身体看上去很虚弱，但脸上却满是喜悦。女作家挑了一朵花，问："你为什么总那么高兴呢？""为什么不呢？一切都这么美好。"老太太回答说。"你很能承担烦恼。"女作家又说。老太太的回答令她吃惊："耶稣在星期五被钉在十字架上时，那是全世界最糟糕的一天，可三天后就是复活节了。所以，当我遇到不幸时，就会等待三天，一切就恢复正常了。"

事实就是这样，当你以一种豁达、乐观的心态面对生活时，眼前就会一片光明；相反，当你被悲观忧郁的思想囚禁时，未来就会变得黯淡无光。人生本无所谓得失，你心情的好与坏全在于你自己。

在喧闹的生活环境中，内心能够保持宁静的人，他的心肯定也是快乐的。所以，一个人对生活的感受不在于其所处的环境，而在于其心境如何。"人心有真境，非丝非竹，而自恬愉；不烟不茗，而自清芬。"人心中如果有真境，即使没有音乐，仍然会感到欢快愉悦；不煎水，不品茶，而自然会有清香芬芳之气袭来。

许多时候,我们不能改变生活,但我们能够改变自己的心态。心态变了,别人对你的态度就会变,你做事的效率就会变,事情的结果当然也会变。当你微笑着看世界的时候,世界就是阳光灿烂的。

6.不完美才是人生

【原文】

有一乐境界,就有一不乐的相对待;有一好光景,就有一不好的相乘除。只是寻常家饭、素位风光,才是个安乐窝巢。

【大意】

拥有快乐境界的同时,也会有不快乐的事情相伴而存;拥有美好光景的同时,也会有不美好的光景来抵消。由此看来,乐与苦、好与坏是同时存在的,只有平淡的、安分的生活才是快乐的本来。

佛祖有言:人生,须得悦纳一切苦与乐。活在世间的众生,总是感慨苦多于乐,要离苦才能得乐,其实,苦乐本就是一体的。人生苦乐参半,痛苦与快乐常常相伴相生。有人说人生痛苦多于快乐,但也有人认为痛苦的后面一定是快乐。苦与乐就像天空的昼夜,没了白昼的光明就无所谓夜的黑暗,没了夜的宁静,自然也就显不出昼的热闹。我们生活在忧伤与快乐中,痛并快乐着。

有一户农家人的院子里种着几畦哈密瓜,到了收获的时候,他们采摘到了又大又甜的哈密瓜。一个六七岁的小男孩正津津有味地吃着哈密瓜,爷爷看他吃得开心,就问他:"哈密瓜甜不甜?"小男孩说:"甜,比蜜还要甜哪!"

爷爷笑呵呵地问他:"上次哈密瓜栽秧的时候,你记不记得我让你做了什么?"

小男孩想了想说:"您让我把苦巴豆埋到地里。"

爷爷又问:"苦巴豆是什么味道,你知道吗?"

小男孩不好意思地回答道:"我上次偷吃了一把苦巴豆,比药还苦,我喝了好多水才不苦了。为什么要在哈密瓜的秧苗下埋上苦巴豆呢?哈密瓜不会变成苦的吗?"

"哈密瓜在下秧前,先要在地底下埋上一把苦巴豆,瓜秧才能苗壮成长,结出蜜一样的果实,巴豆的苦变成了哈密瓜的甜。苦能够化成甜,甜也能够化成苦,所以,这世上无所谓苦乐之分啊!"爷爷笑着回答说。

季羡林先生也曾说过:"每个人都争取一个完满的人生。然而,从古至今,海内海外,一个百分之百完满的人生是没有的。所以我说,不完满才是人生。"

有一位禅师每日与众人宣讲佛法,都离不开一句话:"快乐呀快乐!人生好快乐!"可是有一次他得病了,病中,他不时地喊叫着:"痛苦呀,好痛苦呀!"

另外一位禅师听到了,就来责备他:"你一个出家人,生病了,老是喊苦,多难看呀!"

生病的禅师说："健康快乐,生病痛苦,这是顺其自然的事,为什么不能叫苦呢？"

那位禅师说："记得当初你有一次掉进水里,快要淹死了,你还是面不改色,那种豪情如今何在？你平时都讲快乐,为什么到生病的时候要说痛苦呢？"

禅师抬起头来轻轻地问道："你刚才说我以前讲快乐,现在都是说痛苦,请你告诉我,究竟是说快乐对呢,还是说痛苦对呢？"

这则故事很好地告诉我们,完满与不完满都是一个相对的概念。当我们能够把生活中那些不如意的事情看成人生的重要组成部分的时候,人生就是完满的;而当我们把它看成是一种缺憾的时候,人生就是不完满的。

弘一法师说："世间本来就是不完满的,过去不是,现在不是,将来也不是,现实就是以缺陷的形式呈献给我们的。每个人都有自己的缺憾,只有带着缺憾的人生,才是真正的人生。我们总是抱怨自己的生活中有很多不如意的事情,充满了苦难,却没有意识到这是我们人生必要的组成部分。"

一位即将圆寂的老和尚想从两个徒弟中选一个作为衣钵传人。有一天,老和尚把徒弟们叫到他的面前,对他们说："你们出去给我拣一片最完美的树叶回来。"两个徒弟遵命而去。时间不久,大徒弟回来了,递给老和尚一片并不漂亮的树叶,对他说："这片树叶虽然并不完美,但它是我看过的最完美的树叶。"二徒弟在外面转了半天,最终却空手而归,他对老和尚说："我看到了很多很多的树叶,但是怎么也挑不出一片最完美的。"最后,老和尚把衣钵传给了大徒弟。

有这样两个少年：他们一个喜欢弹琴，想成为一名音乐家；另一个爱好绘画，想成为一名美术家。然而，一场灾难让想当音乐家的少年再也无法听见任何声音，也让那位想当美术家的少年再也无法看到这个五彩缤纷的世界。

两个少年非常伤心，痛哭流涕，埋怨命运的不公。这时，一位老人知道了他们的遭遇和怨恨，就对耳聋的少年用手语比画着说："你的耳朵虽然坏了，但眼睛还是明亮的，为什么不改学绘画呢？"然后，他又对眼盲的少年说："你的眼睛虽然坏了，但耳朵还是灵敏的，为什么不改学弹琴呢？"两个少年听了，心里一亮。他们从此不再埋怨命运的不公，开始了新的追求。

改学绘画的少年发现耳聋可以使自己避免一切喧嚣的干扰，使精力高度专注。改学弹琴的少年慢慢地发现失明反而能够免除许多无谓的烦恼，使心思无比集中。

后来，耳聋的少年成了著名的画家，名扬四海；失明的少年也成为了著名的音乐家，享誉天下。他们相约去拜见并感谢那位老人。

老人笑着说："不用谢我，该感谢你们自己，因为你们自己看得开才能够获得今天的成就。"

有时，"完满"的人生恰恰就是人生的缺憾造就的。偶尔的失意和失去虽然是一种缺憾，但它却让我们的生活变得像波涛汹涌的大海，无比精彩。若是人生真的能够事事如意，那我们的人生就会变成一潭死水，毫无亮点。人生的完满与不完满始终是相对的，完满到了极致就是不完满，不完满则恰恰意味着完满。

圆满的人生只是一种美好的追求，追求圆满并无大过，倘若直道而行，倒可提升人生之品位。只是为了这个圆满，许多人不择手段，反而走向了圆满的反面。

法布尔出生于法国南方一个叫圣雷昂的村子，父母都是农民，他的少年时期是在贫困和艰难中度过的。不过他非常喜欢观察虫子。后来，他为了研究虫子，搬到了欧宏桔附近的塞西尼翁村，举家迁居小镇边缘，在那买下了一栋意大利风格的老旧民宅和一公顷的荒地。

虽然这片荒地满是石砾与野草，但法布尔的梦想——拥有一片自己的小天地，观察昆虫的心愿终于达成了。他用故乡的普罗旺斯语将园子命名为"荒石园"，也就是多石荒地之意。

在这里，法布尔可以不受干扰地专心观察昆虫，并专心写作。随后，《昆虫记》的首册出版，接着，他以约3年1册的进度完成了全部10册的写作，法布尔也在这里度过了他的30载岁月。

有邻居曾不解地问他："别人都住到巴黎繁华的街区，过悠闲的日子。你在几条虫子身上耗费了大半生，不觉得遗憾吗？"

他淡淡的回答："人不可能事事都圆满，有得有失才是真正的生活。我在生活上确实过得不舒坦，但我在与虫子打交道时找到了乐趣。"

这些写虫子的书一版再版，先后被译成50多种文字，直到百年之后依然在读书界一次又一次引起轰动，当属奇迹中的奇迹。法布尔虽然没有享受到普通人的欢乐，却收获了举世瞩目的巨大成功。

正如硬币有正反两面，人也会有优点、缺点，没有谁能够成为真正完美的人，因此，不要用短暂的光阴去盲目地追求完美。

人无完人，每个人都会有一些缺陷：外貌上的，性格上的，经历上的……当一个人懂得承认自己的不完美时，他才算是真正的成熟了。

7.参透生死，把握当下

【原文】

发落齿疏，任幻形之凋谢；鸟吟花开，识自性之真如。

【大意】

人到老年，头发牙齿逐渐稀落，这都是自然现象，大可任其自然退化而不必悲伤。从小鸟的歌唱和鲜花的绽开来体认永恒不变的本性，才是最豁达的人生观。

虽然人生中有许多不确定的事，但有一件事是绝对确定的，那就是我们每一个人终究不免一死。把时间拉长，生死、死生是无尽的轮回。如同昨天、今天、明天的无尽延续，前生、今世、来生也是无始无终的联结，而贯穿无尽时间的是当下。这一刻是生，但对下一刻的生而言，前一刻的生已然是死。

人生的问题很多，但如果给予高度概括，那便不外乎"生死"二字。人们关心生活，然而，生活只是生的一部分。

死对人来说，是无法回避的，生的末端便是死。谁不想长命百岁？但人活百岁终要死，世上没有长生不老药。当然，对死亡怀有恐惧并不奇怪，因为一旦死去，你便会失去生活给予你的各种美好事物。然而，如果你经历过人世沧桑，活着时尽职尽责地工作，没有虚度时光，那么到死时，你也可以无憾了。死亡是人生的终结，如同旅途的一个驿站。正像法国作家雨果临终前说的那样："生命的旅行，总有结束的时候，我该休息了。"

英国著名哲学家、散文家罗素对生死的理解很形象：每个人的人生都应该像河水一样，开始是细小的，流在狭窄的两岸之间，然后热烈地冲过巨石，滑下瀑布。渐渐地，河道变宽了，河岸扩展了，河水流得更平稳了。最后，河水流入海洋，不再有明显的间断和停顿，而后毫无痛苦地摆脱自身的存在。

能这样理解自己一生的人，将不会因害怕死亡而痛苦，因为他们所珍爱的一切都将存在下去。

圣严法师说："人活着不过是在一呼一吸之间，呼吸在，所以你一切都在。"

日本知名作家村上春树也说："死亡并不是生命的反义词，它是生命的一部分。"

禅宗还有句名言："大死一番，再活现成。"

倘若不以身体作为死亡的依据，人的一生总是要面临无数次死亡与重生的体验——大多数人，终其一生，费尽心思追寻的是得不到的财富、不确定的爱情、过眼云烟的名利，却很少人能够停下来想一想，要如何正视终须面对的死亡。生死其实是同一件事的两面，生时不能无忧，临死必将慌乱。

人生是一连串的未知、不确定，唯一可以确定的就是"死亡"，却也是人们最难以接受的事实。悲恸、号啕与怨天尤人都于事无补，唯有坦然接受，好好准备。

然而，我们准备好了吗？

人的一生之中，有许多不如意的事，死亡无疑是不如意中最不如意的一桩。死亡和我们生命中所经历的失败或者失去是一样的，都令人感到无比沮丧，尤其是面对自己或亲友终将死亡的事实时。

死亡是很多人的忌讳，但谁又能决定死亡？死亡到底教会了我们什么？面对生死，恐惧是多余的，唯有面对。面对"有生必有死"的必然现象,犹如天下没有不散的筵席。

在《杂阿含经》卷第三十三中,佛陀以四种良马譬喻众生的根器。认为最利根的人听闻老病死苦,心中便会生出警惕,依正法思维而调伏身心,有如上等的良马见鞭影即知行进的方向。比较次等根器的人,则是在见到邻里有人受老病死苦时,心生警惕而发心修行,这样的人有如次等良马,虽然不能在睹见鞭影时即知前进,但只经鞭杖轻触毛尾,便知如何行走。第三等善根的人则要见到自己亲近的人深受老病死苦时,方才惊觉而发心修行,就如第三等良马,要等鞭杖轻抽,肌体微疼后,才知策进。第四种人则要自己身遭老病死苦的折磨之后,才能认真面对生命的苦恼,犹如拉车的马,虽经鞭子抽打仍不知策进,非得以铁锥刺身,彻肤伤骨之后才惊觉,进而"牵车着路,随御者心,迟速左右"。至于顽劣难以教化的劣马,则是伸颈狂嘶,作势噬人,前脚跪地,后脚踢人,不愿就轭,即或受轭,稍受鞭杖,便断缰折勒,纵横驰走。

过去已逝,未来未到,这都不是我们可以掌握的,唯有每一个现在是我们可以把握得住的。因此,不必因为终将死亡而变得消极虚无,也不必因为今生的不美满而寄望来世。把握"当下"的生活态度,其实就已决定我们的幸福与悲哀了。

在每一刻的现在学习努力,并在每一刻的当下练习"为而不有",如此,你的每一刻都将是圆满的结束,也是崭新的开始。

8.接纳自己,善待自己

【原文】

吾儒云:"水流任急境常静,花落虽频意自闲。"人常持此意,以应事接物,身心何等自在。

【大意】

儒家一位学者说:"不论水流如何急湍,只要心情宁静,就听不到水声;花瓣虽然纷纷谢落,只要心情悠闲,就不会受到干扰。"如能抱这种态度待人接物,那么身心该有多么自由自在。

现实生活中,有些人为了博得他人的欢心,将自己变成了一条"变色龙",不惜改变自己的立场和观点,甚至牺牲自己的人格,这实在是一种不可取的处世态度。同自我否定心理一样,寻求赞许心理会导致各种自我挫败行为,从而使自己丧失生活的热情。

日本哲学家西田几多郎有一首诗:"人是人,我是我,然而我有我要走的道路。"我们有我们自己的生活目标和生活方式,如果不能选择自己喜爱的生活方式,走自己想走的路,而要处处看别人的脸色行事,这无疑是在为别人而活,这样的活法又有什么意义呢? 一个人如果凡事都想讨到别人的欢心,那他就会慢慢沦落为一个心理乞丐。

想要改变这种状况,不仅需要聪明的头脑,亦须具有"不过分在乎别人"的定力。这种定力,并非人人都能做到。

有一次,白云守端禅师和他的师父杨岐方会禅师对坐,杨岐问:"听说你从前的师父茶陵郁和尚大悟时说了一首偈,你还记得吗?"

"记得,记得。"白云答道,"那首偈是:'我有明珠一颗,久被尘劳关锁,一朝尘尽光生,照破山河万朵。'"语气中免不了有几分得意。

杨岐一听,大笑数声,一言不发地走了。白云怔在当场,不知道师父为什么笑,并为此愁烦不已,整天都在思索师父的笑,怎么也找不出他大笑的原因。那天晚上,他辗转反侧,怎么也睡不着,第二天实在忍不住,一大清早便去问师父为什么笑。这时,杨岐禅师笑得更开心了,对着因失眠而眼眶发黑的弟子说:"原来你还比不上一个小丑,小丑不怕人笑,你却怕人笑。"

白云听了,豁然开朗。是啊,只要自己没有错误,笑又何妨呢?

也许你有这样的感受,做人做事,哪怕是穿一件新衣服,说一句话,都会不自觉地考虑到别人会怎样看,会不会不高兴,总想尽量按照别人的期望去做,担心顺了姑心失了嫂意,怕别人失望,被别人笑话。偶尔未能尽如人意,或听到背后有人非议自己,就会耿耿于怀而不可终日。

其实,一个人将生活的焦点和生命的重心放在看别人的眼光、脸色和喜恶上,千方百计去克忍自己,迎合别人,是非常愚蠢的。且不说千人千性、众口难调,你不可能满足所有人的要求,即使能,你也没必要扭曲自己,以失去自己的生活乐趣和生命价值为代价去取悦别人。

所以,人最要紧的不是争取别人怎么看你,而是要考虑自己的路该怎么走,千万不要按别人的思维来对待自己、对待社会。

要想使每个人都对自己满意,是十分困难而且不大可能的。实际上,如果有50%的人对你感到满意,就已经算一件令人愉悦的事情了。要知道,在你周围,至少有一半人会对你说的一半以上的话提出不同意见。因此,对一般人来说,不管什么时候提出什么意见,都可能会有50%的人提出反对意见。

当你认识到这一点之后,你就可以从另一个角度来看待他人的反对意见,不会再因为别人的异议而感到情绪消沉,苛责别人,或者为了赢得他人的赞许而改变自己的观点。相反,你会意识到自己刚巧碰到了属于与你意见不一致的50%中的一个人。只要认识到你的每一种情感,每一个观点,每一句话或每一件事都会遇到反对意见,你就不会轻易改变自己的立场了。

总是对生活不满和抱怨的人,大都是因为不能接纳自己。

生活中总少不了酸甜苦辣、喜怒哀伤,处处可以听到牢骚和痛骂的声音,仿佛对这样的生活充满了仇恨,恨不能飞到外星球,与这样的生活一刀两断!可是,这样排斥生活只会让我们更痛苦,同时也让我们对自己越来越不满意:"为什么我处处不如别人?"这是很多人的心声。我们可能没有高学历,没有钱,没有漂亮的脸蛋,没有聪明的大脑,没有好工作,没有好运气,没有房子,没有对象……当我们不能肯定自己,只以权势、虚荣、占有来肯定自己时,就会显得非常脆弱,非常容易被蒙蔽,进而在这个物欲横流的世界中迷失自己。

也许我们生活困窘,条件不如别人富足,但这并不意味着我们的生活就很糟糕,我们同样有追求幸福生活的权利。当我们感到生活贫乏时,要学会去探寻生活的艺术,也要学会思考,不要把思维局限在一个框框里,这样我们就会发现,生活其实很动人,只是我们被偏见蒙蔽了眼睛。

《庄子》里有一段动人的故事。子祀和子舆是一对非常要好的朋友。有一天,子舆突发疾病,作为好朋友的子祀前去探望。两人见面交谈时,子舆站在镜子面前,调侃自己说:"神奇的造物主啊,竟让我变成了驼背,背上还生了五个疮,因为过于伛偻,我的面颊快低伏到肚脐上了,两肩也高高地隆起,比头顶还高,你看,我的脖颈骨竟朝天突起!"

子舆是因为感染了阴阳不调的邪气,才会变成那副怪模样。但子舆没有指天骂地,还颇为自得地一步步走到井边,从井里看自己现在的这副样子,又开自己的玩笑说:"哎哟!伟大的造物主又要把我变成这滑稽的模样呢!"

子祀有些担心,就问:"你是不是很厌恶这种病?"

子舆说:"不,我不厌恶,我为什么要厌恶这种病?如果我的左臂变成一只鸡,那我便用它报晓;如果我的右臂变成弹弓,那我便用它去打斑鸠烤野味吃;如果我的尾椎骨变成车,那我的精神就变成马,这样我就能四处遨游,无需另备马车了。得是时机,失是顺应,如果人能安于时机并能顺应变化,那无论是喜是悲,都不能侵犯心神,这就是所谓的'解脱'。如果人不能自我解脱,就会被外物所奴役束缚。物不能胜天,这是事实,当我不能改变它时,我为什么不接纳它呢?"

这则故事真是道尽了生活的智慧。面对自己丑陋的外表,子舆非但没有怨天尤人,反而幽默地调侃自己,甚至懂得欣赏自己。所以说,人唯有接纳生活、接纳自己,感情和理智才不会矛盾,才不会造成烦恼。

接纳自己不是划地自限,而是认清自己。每个人都有优点和缺点,有其特有的能力、经验和机遇,只有接纳自己,生活才可能变得朝气蓬勃,我们才知道痛下针砭。否则,就等于是在否定生活、否定自己。

一个懂得接纳生活、接纳自己的人,会把握住自己的做人准则,以自己的言行塑造自己的人生。

在一个不大的小镇上，有一个退伍军人，他少了一条腿，只能挂着一根拐杖走路。一天，他一跛一跛地走过镇上的马路，往教堂走去。过往的人都带着同情的语气说："你看这个可怜的家伙，难道他要向上帝祈求再有一条腿吗？"退伍军人听到了人们的窃窃私语，他转过身对他们说："我不是要向上帝祈求再有一条腿，而是要祈求上帝帮助我，让我失去一条腿后，也知道该如何把日子过下去。"

一个人生活得幸福与否，完全取决于自己对待生活的态度。当你不能接纳生活、接纳自己时，你就会感觉生活就是无边的苦海，人生就是一场煎熬。相反，如果你能保持良好的心态，接纳现实的生活和自己，你就会发现生活中的每一天都充满了阳光。

正如印度的哲学家奥修所说："学习如何原谅自己。不要太无情，不要反对自己，那么，你会像一朵花，在开放的过程中将吸引别的花朵。"